牛顿科学馆

Newton
Science Museum

奇妙的动物世界

席德强◎编著

北京师范大学出版集团
BEIJING NORMAL UNIVERSITY PUBLISHING GROUP
北京师范大学出版社

图书在版编目(CIP)数据

奇妙的动物世界/席德强编著.—北京:北京师范大学出版社,
2019.4

(牛顿科学馆)

ISBN 978-7-303-24284-9

Ⅰ.①奇… Ⅱ.①席… Ⅲ.①动物－普及读物 Ⅳ.①Q95-49

中国版本图书馆 CIP 数据核字(2018)第 258410 号

营 销 中 心 电 话　010-58805072　58807651
北师大出版社学术著作与大众读物分社　http://xueda.bnup.com

QIMIAO DE DONGWU SHIJIE
出版发行:北京师范大学出版社　www.bnup.com
　　　　　北京市海淀区新街口外大街 19 号
　　　　　邮政编码:100875
印　　刷:大厂回族自治县正兴印务有限公司
经　　销:全国新华书店
开　　本:890 mm×1240 mm　1/32
印　　张:7.125
字　　数:165 千字
版　　次:2019 年 4 月第 1 版
印　　次:2019 年 4 月第 1 次印刷
定　　价:38.00 元

策划编辑:尹卫霞　　　　　责任编辑:张静洁
美术编辑:王齐云　　　　　装帧设计:王齐云
责任校对:李云虎　　　　　责任印制:马　洁

序　言

　　时光匆匆，我写科普读物的历史一晃已经 8 年。在写第一本科普书《迷人的生物学》时，我还有些懵懂，不知道应该写些什么，也不知道怎样去写。当时我虽然缺乏经验，却充满热情，努力做到读者不感兴趣的不写，光有知识性没有趣味性的不写，最终创作了这本科普畅销书。

　　经过几年的积累和沉淀，"奇妙的生物世界"这套书终于面世了。在书中，我通过一个个生动有趣的事例介绍了很多奇特的、珍稀的、有趣的生物，以及各种生物奇妙的生命活动。通过这些既相对独立又有密切联系的事例，对生物的遗传变异、信息传递、进化适应、利用保护等各方面的知识进行了比较详尽的介绍。

　　在知识的呈现上，我力求不刻板、不说教，努力用鲜活的现象体现自然之美，用奇特的机理展示生命之妙。此外，结合自己所学的专业知识，我努力做到叙事清楚、概括准确，让科学性、趣味性和思想性完美联姻。

　　在创作科普作品的过程中，我发现了兴趣对人成长的重要性。例如，让-巴蒂斯特·拉马克和查尔斯·达尔文是现代生物进化理论的奠基人。他们走上生物学研究的道路比较曲折。拉马克先学神学，后学医学。达尔文是先学医学，再学神学。他们对所学的专业不感兴趣，以致在所学专业领域都表现平平，拉马克学医时甚至没有毕业。可贵的是，他们都花费了大量的时间去研究自己感兴趣的生物学。在当时的很多人眼中，他们的做法简直是不务正业。但在今天来看，正是对自己兴趣的坚持，才让他们发现生物进化的规律，成为生物学发展史中令人景仰的大家。

子曰：好之者不如乐之者。当一个人对某种学问产生了兴趣，就能沉在其中，乐在其中，成在其中。希望阅读这套书的读者能了解一些常用的生物学知识，从此对生物学产生浓厚的兴趣，长期坚持下去，将兴趣上升为热爱，将热爱转化为知识，将知识演化成幸福。

席德强

2018 年 12 月

前　言

什么是人？人是一种有语言，有思维，能够有意识地控制自己行动的拥有高度智慧的高级动物。所以，人其实也是动物群体中的一员。自古以来，人类的生产和生活一直与动物息息相关。下面让我们粗略地总结一下动物与人类的关系。

1. 动物为人类生活提供了丰富的食物资源

我们的祖先在茹毛饮血的时代，经常需要猎杀动物作为自己的食物。从狼虫虎豹到猪马牛羊，再到生猛海鲜，都是人类餐桌上的食物。古人常说"畜牧犬豕"，就是人类社会进入畜牧时代。直到今天，还有靠放牧或打猎为生的民族，如我国青藏高原、蒙古高原上的少数民族以及东北地区的鄂伦春族。动物不但为人类提供了肉食，还提供了蛋、奶，为人类提供了丰富的蛋白质和维生素。

2. 很多动物可以提供为人治病的药材

在长期的生产实践中，人们发现很多动物可以为人类提供药材。有些动物的身体就是药材，有些动物的排泄物、分泌物可以作为药材。具体有以下类型：①以动物全身入药的，如蜈蚣、全蝎、地龙（蚯蚓）、海马、白花蛇（尖吻蝮）等；②以动物的部分组织器官入药的，如海狗肾、鸡内金（鸡的砂囊内壁）、乌贼骨等；③以动物的衍生物、分泌物入药的，如羚羊角、麝香（雄麝香腺囊中的分泌物干燥而成)、蟾酥(蟾蜍体表腺体分泌物)、蜂王浆等;④以动物的排泄物入药的,如五灵脂(复齿鼯鼠的干燥粪便)、望月砂(野兔的干燥粪便)等;⑤以动物的生理、病理产物入药的,如紫河车(人的胎盘)、蛇蜕为生理产物,牛黄(黄牛或水牛的胆囊结石)、马宝(马胃肠中的结石)为病理产物等。从入药动物的种类来看,我国已知可作药用的动物有900多种,跨越了动物分类中的8个门(按近代对动物的分类可达11个门),从低等的海绵动物到高等的脊椎动物都有。

3. 动物为人类提供了丰富多彩的衣着原料

随着人类的生活水平越来越高,人们不再满足于吃饱穿暖。动物的毛皮、羽毛等在古代就可以为原始人防寒蔽体。到了现代人阶段,动物为人类提供的衣着材料更加丰富多彩:蚕丝制成的丝绸薄如蝉翼,动物毛皮制品雍容华贵,合体的皮夹克使人英姿飒爽,色彩斑斓的羊毛衫、羊毛裤使人充满活力,穿上毛料大衣、西服,更让人风度翩翩。据统计,我国每年能产毛皮2 000万到3 000万张。这些毛皮经加工后被做成各种服饰,大大提高了人们的生活水平。

4. 动物在植物的传粉受精、种子传播中起着不可替代的作用

在生态系统中,绿色植物是生产者,为各种动物制造营养物质,并提供栖息场所。长期的自然选择也使植物和动物建立了密不可分的关系,很多植物离开了动物就不能繁殖。

五彩斑斓、香气袭人的植物花朵可以吸引动物前来拜访,动物的光顾会帮助植物传播花粉,作为报酬,动物获得了营养价值极高的食物——花蜜。在这种共赢的合作模式下,植物和动物共

同向前进化。据统计，在开花植物中，约有84%的植物是通过昆虫来授粉的。

　　我们到野外游玩的时候，经常有鬼针草或苍耳的果实粘在裤脚或鞋带上。当我们发现时，通常都是将它们摘下来扔到地上。这就是我们不自觉地为鬼针草或苍耳传播了种子。动物在取食植物果实、枝叶，或经过时，会帮助植物传播种子。如果没有动物，许多植物的生存能力都会下降，甚至有灭绝的危险。例如，有一种名叫槲寄生的药用植物，它需要寄生在榆树、杨树或柳树等植物上。它怎样繁殖呢？通过长期的演化，槲寄生形成了一种极为特殊的繁殖方式：在冬季，槲寄生的果实不干瘪、不脱落，整个冬季都高挂在树梢上。太平鸟是一种食野果的小鸟。它们在吃了槲寄生的果实后，只能把果肉消化掉，于是槲寄生的种子被太平鸟排泄出来。这种粪便非常黏，遇到树枝就会黏附在上面。3～5年后，槲寄生的种子就会萌芽。长期的自然选择，已经使槲寄生和太平鸟建立了这种互利互惠的关系。如果太平鸟减少或灭绝，这种植物的繁殖、生存也会受到影响。

太平鸟

　　所以，我们在保护植物的时候，也要想到同时保护动物；在利用动物的时候，也要懂得不能赶尽杀绝。在我们这一代人获得利益的时候，也要保证以后几代人的利益。涸泽而渔、焚林而猎的做法会使生态系统崩溃，人类不可避免地也会受到损害。这与可持续发展的思想相悖。

　　人类社会产生和演化的历史，也是动物学产生和发展的历史。在以渔猎为主要生产方式的原始社会，人类就逐步认识了一些与自身关系密切的动物的生活习性及身体结构，继而尝试饲养驯化有益的动物，防治有害的动物，积累了很多动物学方面的知识。

目 录

第一章 低等动物

低等动物简介

根据有没有脊椎，可以将动物分为脊椎动物和无脊椎动物。无脊椎动物是低等动物，是非常庞大的类群。地球上现存的无脊椎动物约有 124 万种，而高等动物(脊椎动物)只有 7 万多种。各类无脊椎动物的代表动物和主要特征如表 1-1 所示。

表 1-1 无脊椎动物代表动物及其主要特征

	代表动物	主要特征
原生动物门	眼虫、变形虫、疟原虫、草履虫	身体由单个细胞构成
海绵动物门	白枝海绵、浴海绵、淡水海绵	最原始、最低等的多细胞动物
腔肠动物门	水螅、水母、海蜇、海葵、珊瑚	身体辐射对称，有组织分化，有原始消化腔和原始神经系统
扁形动物门	涡虫、血吸虫、绦虫、	身体两侧对称，有三个胚层和梯式神经系统
线形动物门	蛔虫、人鞭虫、小杆线虫、蛲虫	有原始体腔，有消化管，雌雄异体
环节动物门	蚯蚓、沙蚕、水蛭	身体分节，有次生体腔，脑和腹神经索形成
软体动物门	河蚌、田螺、蛞蝓、牡蛎、乌贼	身体柔软，不分节，常分泌有外壳
节肢动物门	虾、蟹、蜘蛛、虱、蝗虫、苍蝇	有外骨骼、发达的肌肉，大多在陆地上生活

　　无脊椎动物与人类的生产和生活息息相关。它们当中有的可以作为人类的食物(如牡蛎),有的可以作为药物(如蝎子),有的有重要的经济价值(如珍珠蚌)。所以,了解一些有关低等动物的知识是非常有用的。

一、是植物还是动物?——眼虫

　　你知道吗? 你是不是幻想着有一天能够像植物一样不用吃饭,每天只需晒晒太阳就有充足的能量进行学习、运动、思考等各种各样的活动呢? 其实,一类不起眼的微小的动物就有这样的特殊本领呢。

　　春夏季节,在富含有机质的水沟、池塘以及流动缓慢的河流里,常可以发现眼虫(图 1-1)。眼虫在温暖的季节会大量繁殖,使水体变绿。眼虫的体长大约有 60 微米,为了观察清楚,可以先在载玻片上放一小块毛头纸,再滴上池塘水,盖上盖玻片制成临时装片,然后用显微镜观察。我们可以看到眼虫被圈在毛头纸纤维形成的框架里,运动被限制,这样可以仔细观察它们的身体结构和形态特征。

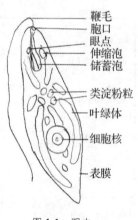

图 1-1　眼虫

　　在单细胞生物当中,眼虫是一类极为特殊的生物。它们有一个类似于动物眼睛的构造,被人们称为眼点。眼点上有一个光感受器,能感受到光线强弱的变化,所以眼虫有趋光的特点。在眼虫的身体前端,还有一根细长的鞭毛,可以让它们朝着一定方向运动。此外，它们还有类似于动物嘴的构造，被称为胞口，眼虫可以通过胞口摄取现成的食物颗粒。这些特征让人们相信，眼虫应该是一类动物。

可事情并不是这样简单，眼虫还有植物的特征。它们体内有叶绿体，能进行光合作用。通过光合作用，它们可以将二氧化碳和水合成为储存能量的有机物。

那么，眼虫为什么兼有动物和植物的特征呢？从生物进化的角度分析，眼虫应该是一种中间类型。这就是说，动物和植物是有共同祖先的。这个祖先的后代有的向动物的方向演化，有的向植物的方向演化，还有的则演化成介于动物和植物之间的类型——比如眼虫。

在营养丰富、条件适宜的时候，眼虫会以纵二分裂的形式繁殖。在水体干涸等不良条件下，眼虫的身体会变圆，分泌一种胶质形成包囊，将自己的身体包裹起来。这样的眼虫代谢降低，可以生活很久。它们随风飘散到适宜的环境中后，虫体就会破囊而出，接着生长繁殖。

眼虫易于饲养，繁殖迅速，是进行科学研究的好材料。科学家发现，如果将小眼虫（眼虫的一种）培养在黑暗条件下，产生的后代都没有叶绿体，身体是无色透明的。但是，即使这样培养了15年，这些小眼虫的后代一旦接触到阳光，就会很快变绿。这就说明，环境条件引起的变异是不能遗传的。但也有例外，一种豆形眼虫如果经过35℃或紫外线处理变成无色眼虫之后，即使放回阳光下也不能变绿，如果没有有机物来源，就会饥饿而死。对于这个实验结果目前还没有很好的解释。这些研究对于探索遗传和变异的本质，了解各种眼虫的亲缘关系有重要的意义。

二、能随意变形的单细胞动物——变形虫

你知道吗？我们在生活中会遇到这样的情况：走着走着前面出现了障碍，有一个很小的缝隙，可我们过不去。这时我们会幻想，如果自己的身体能够随意伸缩变形就好了。变形虫就有这样的本领，它们通过身体的变形来运动和摄食，也能通过比身体窄小很多的缝隙。

在比较清澈的池塘里、水流缓慢的浅水中生活着一类可以随意变形的单细胞动物，这就是变形虫（图 1-2）。在那些浸没在水里的植物体上比较容易发现它们。一般的变形虫直径在 0.1 毫米左右，大的种类直径可达 0.6 毫米，但因为它们的身体几乎透明，所以肉眼看不到。

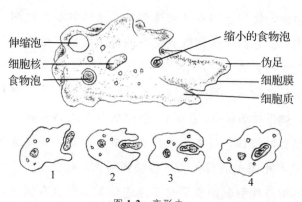

图 1-2　变形虫

变形虫结构简单，容易饲养，是进行科学研究的好材料。科学家用它们做实验材料研究了细胞核与细胞质的关系问题、物质代谢的问题等。

　　如果想要看清楚变形虫的结构，必须借助显微镜。可以在载玻片上滴一滴清水，上面放一小块展平的毛头纸，然后将富含变形虫的池塘水滴一滴在毛头纸上，盖上盖玻片，制成临时装片。将装片放在显微镜下观察，就可以看到变形虫的形态、结构了。由于变形虫是无色透明的，观察时需要将视野调得暗一些才能看清。如果借助比较高级的相差显微镜，就能观察得更清楚。

　　变形虫的体表是一层极薄的质膜。质膜下面的细胞质可以分为透明的外质和具颗粒的内质两部分。最里面就是它们遗传、代谢的控制中心——细胞核。

　　变形虫通过体表的临时性突起——伪足进行运动和摄食。在遇到单细胞藻类、小的原生动物的时候，变形虫就会伸出伪足将其包围，最后形成食物泡。细胞质中装有消化酶的小泡与食物泡结合，将里面的食物消化分解，剩余的食物残渣会被排出体外。这种消化方式就是原始的细胞内消化。变形虫还会吞噬一些液体营养，被称为胞饮。

　　在营养丰富、温度适宜的时候，变形虫会通过二分裂的方式繁殖。在遇到不良环境时，有些种类也能形成包囊。

　　绝大多数的变形虫对人无害。但有一种痢疾内变形虫可以寄生在人的肠道里，它能溶解肠壁组织引起痢疾。人感染痢疾内变形虫后一般发病较慢，不发烧，也不太严重。但它能使肠壁溃烂造成腹膜炎，甚至迁延至肝、肺、脑、心等处形成脓肿，造成比较严重的症状。平时生活中讲究卫生，消灭苍蝇，对粪便进行合理处理，就可以预防痢疾内变形虫。

三、简单的多细胞动物——水螅

你知道吗? 很多小朋友都会翻跟头,他们这样做不是为了走路,而是为了锻炼身体。水螅可以通过触手一拱一拱地在水中移动,也能通过翻跟头这种奇妙的方式移动。

土豆可以通过块茎繁殖,葡萄可以通过扦插枝条繁殖,它们都是利用植物体的一部分繁殖后代,这种繁殖方式被称作营养生殖。水螅(图 1-3)的身上可以长出芽体(小水螅),过一段时间芽体和母体分离,变成一只新的水螅,这种繁殖方式被称为出芽生殖。

在水流缓慢、水草丰富的小溪、池塘里我们可以采集到水螅。

水螅是一类比较原始的多细胞动物。其特征具体体现在以下几个方面。

它们的体壁分化出了内、外胚层两层细胞,两层细胞之间是一层胶状物质。

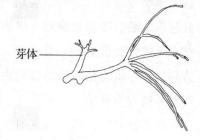

芽体

图 1-3 水螅

水螅有口没有肛门,口既是摄入食物的通道,也是排出食物残渣的出口。水螅没有专门进行食物消化、吸收的肠道,而是将体腔当作肠道,所以被称为腔肠动物。从消化方式上看,它们既有细胞内消化,又有细胞外消化,而高等动物的身体都是只进行细胞外消化的,所以水螅属于消化方式进化上的中间过渡类型。

水螅的身体是辐射对称的,这是一种比较原始的特征,高等动物的身体都是两侧对称的。

在运动的时候，水螅以翻跟头的方式（图 1-4）或像尺蠖一样一拱一拱地前进。

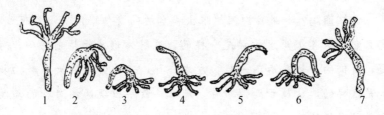

图 1-4　水螅的翻跟头运动方式

水螅以各种小甲壳类动物为食，如溞类、剑水蚤等。它们的触手可以伸缩，触手上还有刺细胞。有的刺细胞可以将毒素射入捕获的小动物体内，将其麻醉或杀死。有的刺细胞能伸出黏性刺丝将猎物牢牢缚住。接着，它们翻动触手，将猎物送进口中吞下。水螅的口可大可小，它们既能捕食比自己小很多的猎物，也能捕获比自己身体还大的猎物。

水螅的再生能力很强。如果将它们切成几段，每段都能长出一只小水螅。在营养丰富、条件适宜的时候，水螅能通过出芽生殖从身体上长出一只或几只小水螅来（图 1-5）。在条件较差的时候，水螅又可以进行有性生殖。它们的受精卵发育到一定程度就可以沉入水底，度过严冬或干旱等不

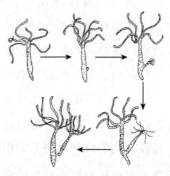

图 1-5　水螅的出芽生殖

良阶段，等春季或环境好转时，胚胎会继续发育形成水螅。依靠强大的繁殖、再生能力，水螅能迅速占据适宜的空间，使生命得以延续。

四、有口无肛门的动物——涡虫

你知道吗？如果我们假想眼虫和水螅的身体中间有一条轴线，那么它们从各个角度看都是一样的，这种体形属于辐射对称。可是，我们的身体前后不一样，左右一样，我们常见的大多数动物也是这样的，这属于两侧对称。那么，最早出现两侧对称的动物会是什么样的呢？

如果你有在小溪里捉鱼的经历，那你一定经历过这样的情形：眼瞅着一条鱼钻到石块下面去了，悄悄地走过去用手扣住石块，结果却摸出来一个黑乎乎滑溜溜的小东西，它不是鱼，而是涡虫（图1-6）。涡虫的前端呈三角形，身体扁平细长，头部背面有两个黑色的眼点，头两侧各有一个突起——耳突。

涡虫的身体结构虽然比水螅复杂，但依然保持着有口无肛门的原始特征。它们的口在身体腹面后三分之一处，稍后是生殖孔。那么，涡虫吃了食物之后产生的食物残渣（粪便）是怎么排出去的呢？还是通过口！也就是说它们的口和肛门是共用的！这体现了涡虫比较原始落后的属性。

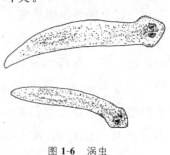

图1-6　涡虫

涡虫有一些奇特的本领。它们既能进行无性生殖又能进行有性生殖。涡虫进行无性生殖时，先将身体后端粘在一个物体上，虫体前端向前移动，这样虫体被慢慢拉长，最后断裂为两部分，每一部分都能发育成一条新的涡虫。涡虫的有性生殖也很特殊。

它们是雌雄同体的动物，体内既有精巢也有卵巢，却需通过交配进行异体受精。涡虫的再生能力也很强。如果将它们横切成几段，每一段都能形成一个新个体。涡虫的身体也能进行切割后的移植，将两条涡虫的头部接到一条涡虫的尾部上，可以形成双头涡虫。同样，也可以将两条涡虫的尾部接到一条涡虫的头部后面得到双尾涡虫。在食物匮乏时，涡虫可以将身体的部分内部器官（如生殖系统等）消化吸收。获得食物后，这些器官可以重新长出来。涡虫的这些奇特的本领是科学研究的好素材。科学家期望尽快搞清楚其中的机理。如果它们的再生能力能用到人的身体上，意外创伤造成的肢体残缺将会得到治愈。

此外，涡虫这样的扁形动物在生物进化史中也有重要的地位。从它们开始出现了两侧对称，即动物体可以通过中央轴分成左右相同的两部分。从扁形动物开始，还出现了中胚层。中胚层的出现引起了一系列组织器官的分化，加快了动物进化的速度。

要想捕捉涡虫，可以将猪肝或鱼鳃等诱饵压在石块下面。过一会儿翻开石块，就会发现诱饵上依附着好多涡虫。用柔软的枝条或毛笔将其轻轻刷下，放到盛有清澈河水的玻璃瓶里，就可以拿回家饲养了。涡虫喜欢清洁，要经常换水，否则它们会生病死亡。另外，涡虫有避光的习性，饲养缸内要放一些小石块方便它们藏身。缸口盖上一层纱布，既可以遮光，也可以防止蚊虫产卵。饲养水最好是干净的河水，如果是自来水要提前晾晒。

给涡虫投放的食物，可以是从田园里挖来的蚯蚓，也可以是新鲜的动物肝脏或煮熟的鸡蛋黄。喂食时把这些食物分成指甲大的小块，投入饲养缸。涡虫会很快地吸附在上面，伸出咽部取食。一般每周饲喂一次，饲喂最好在换水前进行，这样可以保持饲养缸的清洁。涡虫的体色可以随食物种类而发生变化。投喂肝脏时体色会变深，投喂蛋黄时体色会变黄。

五、制造肥料的环节动物——蚯蚓

你知道吗？蚯蚓是我们常见的动物。它们的身体上有一个像戒指一样的突起的结构，那是因为它们生病了还是要蜕皮了呢？

在潮湿、疏松且有机质丰富的土壤里，特别是肥沃的耕地土里，我们经常可以挖到蚯蚓（图 1-7）。蚯蚓属于环节动物门，其代表动物是我们常见的环毛蚓。全世界约有 1 800 种蚯蚓，我国已记录的有 229 种。

蚯蚓雌雄同体但异体受精。它们身上那个像戒指一样突起的部位就是产生卵茧的雌性生殖器官。此外，蚯蚓还有很强的再生能力。如果我们在挖土时不小心将它们截成

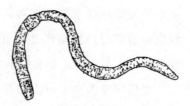

图 1-7 蚯蚓

两段，你不用担心它们会死亡。因为它们的每一段都可以通过再生长成一个完好的新个体。所以，农业耕作频繁的农田里蚯蚓比较多，除了饵料丰富以外，人为耕作促进蚯蚓的再生也是一个原因。

蚯蚓的活动可以让土壤疏松，蚯蚓的粪便可以作为农作物的肥料，所以农田里的蚯蚓会让农作物增产。一条蚯蚓一个月可以吃掉干重为 0.61 克的有机物，其中大约一半以粪便的形式排出。你可能会觉得它的食量微不足道，但看了下面的计算你会改变自己的看法。如果每平方米有 30 条蚯蚓，一公顷土地上的蚯蚓一个

月就可以制造出 90 千克粪便。如果条件适宜，每平方米土地的蚯蚓可超过 100 条，产生的肥料会更多。

在生态系统中，蚯蚓属于分解者，对分解植物的残枝落叶和动物的粪便等起着非常重要的作用，是生物圈物质循环中非常重要的一环。

如果你想尝试养殖蚯蚓，就看看下面的内容吧。

蚯蚓是杂食动物，喜欢甜食和酸味，讨厌苦味。蚯蚓吃腐殖质、动物粪便、植物的残枝落叶等，也吃土壤中的微生物。它们尤其喜欢动物性食物，每月的食物量相当于自身体重。蚯蚓喜欢安静的环境，如果居住地周围建起了工厂或公路，会很快逃离。它们还喜欢独居。如果母子两代蚯蚓在一起，种群密度太大时，大蚯蚓就会离开另觅生活场所。

蚯蚓的生活习性为昼伏夜出。它们不喜欢光线，在阳光照射下会体表干燥，无法呼吸而很快死亡。蚯蚓虽然喜欢潮湿的环境，但如果土壤遭水淹，缺乏氧气，蚯蚓也会很快离开。一般的有机磷农药对蚯蚓不起作用，但敌敌畏等农药会导致蚯蚓死亡。有些化肥，如硫酸铵、氨水、碳酸氢铵、硝酸钾对蚯蚓也有杀灭作用。

养殖蚯蚓有什么用呢？蚯蚓体内含有脂肪和大量的粗蛋白（占干重的 61.73%），除了可以作为钓鱼的饵料以外，还可以作为高级饲料饲养甲鱼、鱼等，也可以饲喂鸭子，提高鸭蛋的营养价值。蚯蚓作为中药被称为"地龙"，在《神农本草经》和《本草纲目》中都有记载。养殖蚯蚓获得的蚓粪也可以作为专用肥料。

六、美丽的珍稀动物——鹦鹉螺

你知道吗？鹦鹉螺有一个圆盘状的光滑外壳，像鹦鹉的嘴部，壳上有美丽的图案，壳的里面有复杂的分隔。鹦鹉螺不需要游动就能在水中自由地沉浮，原因是什么呢？

鹦鹉螺（图 1-8）属于软体动物门头足纲。在古生代时，鹦鹉螺就已广布地球，是一类有几亿年历史的古老动物。在奥陶纪的海洋里，生活着一种长达 11 米的直壳鹦鹉螺，以三叶虫、海蝎子为食。它们

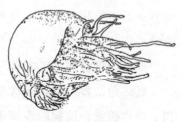

图 1-8　鹦鹉螺

体形庞大，嗅觉灵敏，用尖锐的嘴喙啄食猎物，是称霸海洋的顶级猎食者。在 6 500 万年前恐龙灭绝的时候，绝大多数种类的鹦鹉螺也在那时灭绝了。现在地球上只剩 6 种鹦鹉螺，分布在印度洋和太平洋部分地区，是与大熊猫一样珍贵稀有的野生动物。

在几亿年的漫长时间里，鹦鹉螺的外形和生活习性都变化很小，是海洋中的活化石，在古生物学研究和生物进化研究方面有重要的意义。

鹦鹉螺是在海底栖息的动物，多在 100 米深的海底依靠腕部缓慢爬行。它们白天一般在海底休憩，晚上出来捕食。

鹦鹉螺是具有螺旋状外壳的软体动物，是章鱼和乌贼的近亲。石灰质外壳大而美丽，呈左右对称的螺旋状。壳由两层物质组成，外层是灰白色的磁质层，内层是富有光泽的珍珠层。将鹦鹉螺的外壳切开，可以看到它的内部结构就像旋转的楼梯，又像一条百褶裙。螺壳内的一个个隔间决定了鹦鹉螺能在海洋中自由地沉浮。世界上第一艘核潜艇就被命名为"鹦鹉螺号"。

数学家们对鹦鹉螺外壳优美的螺线着迷。经过长时间研究，大

家发现，螺线暗含斐波那契数列，无限接近黄金分割数(图 1-9)，怪不得看起来那么美丽。

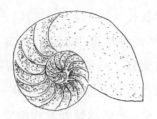

图 1-9　鹦鹉螺外壳内部螺线

七、叫鱼其实不是鱼的动物——文昌鱼

你知道吗? 摸一摸自己的后背，位于正中心的是脊椎。有了脊椎，动物的身体才显得比较"硬朗"，才能更加适应复杂多变的自然环境。脊椎动物是高等动物，鱼类是最低等的脊椎动物。那么，动物是怎么进化出脊椎的呢?

文昌鱼(图 1-10)为小型海洋动物，俗名鳄鱼虫。它不属于鱼类，而属于脊索动物，体内有一条纵贯全身的脊索，构成身体中央的支柱(图 1-11)。它既像鱼又像蠕虫，是无脊椎动物和脊椎动物之间的过渡类型，也是脊椎动物祖先的模型，有重要的科研价值。我国科学家童第周曾对文昌鱼的身体结构、生活习性、繁殖规律进行过深入的研究，确立了它在动物演化史中的重要地位。

图 1-10　文昌鱼

脊索 背鳍　尾鳍
触须 鳃裂　肛门

图 1-11　文昌鱼纵剖图

世界上共有 12 种文昌鱼，广泛分布于热带、亚热带地区沿岸海域，我国厦门、青岛和烟台都有出产。文昌鱼体色肉红，晶莹剔透。文昌鱼一般体长仅 5 厘米左右，美国产的加州文昌鱼体长可达 10 厘米。文昌鱼的外形像小鱼，体侧扁，半透明，头尾尖，体内有一条脊索，有背鳍、臀鳍和尾鳍。文昌鱼生活在沿海泥沙中，白天仅将头部露出沙面，靠海水流动摄入单细胞藻类作为食物。晚上它们比较活跃，有时以螺旋方式游泳，有时弹射到水面。一旦受到惊扰，它们就迅速游回沙窝里躲藏起来。它们的摄食活动有助于净化水体，所以文昌鱼多的地方海水都比较清洁。

文昌鱼肉质鲜嫩，味道清新甜美，蛋白质含量高达 70%，而且碘的含量很高，是高级营养美食。我国福建沿海曾是文昌鱼理想的栖息场所。20 世纪 30 年代左右，这里曾有过年产 57 吨的纪录。后来由于营造海堤、围海造田、乱捕滥捞等原因，文昌鱼的产量急剧下降。现在，这些地区的文昌鱼已经完全失去了捕捞价值。

第二章 鱼 类

鱼类简介

世界上现存的鱼类约 24 000 种，我国约有 2 500 种。在海水中生活的鱼类占三分之二，其余的生活在淡水中。

鱼的种类数超过其他各纲脊椎动物种数的总和，可以将它们分为硬骨鱼和软骨鱼两大类。除极少数地区外，不论是从两极到赤道，还是由海拔 6 000 米的高原山溪到洋面以下 8 000 米的深海，都有鱼类生存。它们在长期的进化过程中，经历了辐射适应阶段，演变成种类繁多、千姿百态、色彩绚丽和生活方式多样的巨大类群。

鱼类种类繁多，世界上最大的鱼是鲸鲨，体长可达 20 米，体重可达 30 吨。世界上最小的鱼是生活在菲律宾的一种虾虎鱼，成年鱼体长一般为 12 毫米。小虾虎鱼孵出后，在大海里游动 3 周左右，就会找到一处珊瑚礁定居。之后雌性虾虎鱼开始产卵，它一生总共大约排出 400 粒卵。雄性虾虎鱼负责保护这些卵不被天敌吃掉。生活在澳大利亚大堡礁的一种虾虎鱼的寿命最短，只有 59 天。而在南极洲附近海域生活的海鲈鱼平均寿命可达 80 岁。

要说鱼的游泳速度，旗鱼(图 2-1)是最快的，速度可达 120 千米/时，是普通货轮的三四倍。旗鱼只需 10 个多小时就能游完天津到上海的路

图 2-1 旗鱼

程。而马尔代夫群岛的洞鳗却不会游泳，它们终生待在洞穴里，摄食时将一半身子探出洞口，吞食漂到嘴边的生物。

翻车鱼既笨拙又不善游泳，常常被海洋中其他鱼类、海兽吃掉。它们至今没有灭绝是因为有强大的繁殖能力，一条雌性翻车鱼一次可以产下2 500万～3亿粒卵。那些凶猛强大的鱼类的繁殖能力则很低。例如，宽纹虎鲨、锯尾鲨每次仅产2～3枚卵。

有很多名字叫鱼，其实不是鱼的动物，如鲍鱼、桃花鱼、鱿鱼（柔鱼）、章鱼、鲨鱼、娃娃鱼、鳄鱼、甲鱼、鲸鱼都不是鱼；而有些动物不叫鱼，其实却是鱼，如海马。

我国拥有光辉灿烂的鱼文化。这是因为鱼不仅是人们喜爱的美味佳肴，还构成了人们休闲观赏的美妙景观。在殷墟出土的甲骨文里就有了"鱼"形文字，在以后的青铜器中，鱼更是常见的题材。《诗经》中记载了鲂等20多种鱼类，范蠡的《养鱼经》等书籍中则更为详细地记载了鱼类的形态、生态、分布、食用和药用等方面的知识。

鱼是人们非常喜爱的肉食。鱼肉滋味鲜美，营养丰富，含丰富的蛋白质、不饱和脂肪酸和矿物质，维生素的含量也很高，易被人体消化和吸收。孟子说"鱼我所欲也，熊掌亦我所欲也，二者不可得兼"，把鱼和熊掌共同列为珍品；隋炀帝称颂松江鲈"金齑玉鲙，东南佳味"。可见古人对鱼的喜爱。

鱼有重要的经济价值，鱼肝油、鱼胶、鱼粉等可作为药品、工业原料和饲料。海马、海龙等是名贵的药材。

鱼还是人们喜爱的观赏动物。那些体色艳丽、形态各异、习性多样的金鱼被称为"国鱼"。这些金鱼其实是我国人民用金鲫鱼人工培育而成的。在南朝梁任昉的《述异记》中记载："晋桓公游庐山，见湖中有赤鳞鱼，即此也。"现在，我国已有 300 多个金鱼品种，常见的品种有 50 多个，金鱼已经成为观赏鱼家族的重要成员。这些观赏鱼不仅美化了环境，也陶冶了人们的情操，加深了人们对自然的喜爱。

钓鱼不仅是人们喜爱的一项娱乐活动，还被寄托了丰厚的人文情感。在文人雅士的钓鱼活动中，或有姜太公钓鱼愿者上钩的洒脱，或有独钓寒江雪的孤独，或有斜风细雨不须归的飘逸。

鱼还是我国人民喜爱的吉祥物。连年有余、吉庆有余都是根据谐音，往往在写上这些吉祥话的同时，还要画上漂亮的鲤鱼。还有一些鱼被人们称为吉祥鱼。例如，体形似龙的龙鱼，寓意招财进宝，逢凶化吉；产卵多的鲤鱼，寓意富贵有余；背鳍高大的胭脂鱼，寓意一帆风顺等。

大多数鱼类终生生活在海水或淡水中，具有适于游泳的体形和鳍，用鳃呼吸，以上下颌捕食。从生物进化的角度看，鱼类出现了分为一心房和一心室的心脏，血液循环为简单的单循环。鱼类首先出现了脊椎和头部，是最能适应水中生活的一类脊椎动物。水有深浅之分，各处的压强有差异，海平面为 1 个大气压，而深海区可达 1 000 个大气压。淡水和海水中盐的含量也不同。此外，随地理环境的不同，水温差和含氧量的差别也很大。由于这些水域、水层、水质及水里的生物因子和非生物因子等水环境的多样性，鱼类的体态结构为适应外界环境产生了不同的变化，较圆口纲更高等。

鱼类学是研究鱼类的分类、形态、生活习性、地理分布、个体发育与系统发育和生理机能等的科学。

从古至今，人们常常对那些能在水中自由游动的鱼充满了好奇与羡慕，想象着自己某一天也能像鱼一样畅游大海。其实，很多鱼不仅会游泳，还有一些很奇特的本领，下面让我们领略一下吧。

一、会发电的鱼

你知道吗？ 电棍是常用的警用器材和防身工具，它可以瞬间释放出低电流的高压电，让被击者瞬间失去行动能力，却不会对人体产生实质性的伤害。在自然界中，有些鱼也可以用自身发出的电来防御和捕食呢！

世界上会发电的鱼有几十种，如电鲇、电鳐等，其中发电威力最大的就数电鳗（图2-2）了。

电鳗属于电鳗科，生活在南美洲水流平缓的河流中。它们有像鳗鱼一样细长的身体，却和鲤鱼、鲇鱼亲缘关系较近。电鳗和其他鱼类不同，它们依靠发达的臀鳍的摆动，使自己能向前或向后自由游水。它们硕大的尾部占了身体的大部分，

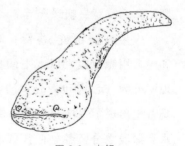

图 2-2　电鳗

尾内有发达的发电器官。电鳗能根据自己的需要随意放电。成年电鳗能发出的最大电压达800伏，足以电死一头牛。如果人在游泳时不慎被电鳗电到，就会全身麻痹，有可能被淹死。

那么，电鳗放电有什么用呢？原来，它们放电是为了捕食。电鳗行动迟缓，还要不时浮上水面吞入空气以进行呼吸，所以它们不可能像鲨鱼那样采用追击的方式捕食。当有蛙类、小鱼等动物靠近时，它们就会瞬间放电将其击晕，供自己食用。

研究表明，电鳗体内的放电细胞就像一个个重叠在一起的电池。这些电池串联起来同时放电，就能产生高强度的电流了。人们已经根据电鳗放电的原理改进了干电池的构造。现在我们用的干电池在正负极之间都要填充一些胶状物质，这就是仿照电鳗的放电细胞来制造的。

二、会"吐"丝的鱼

你知道吗？ 蜘蛛靠"吐"出的丝线粘住猎物，蚕靠"吐"出的丝线保护蛹，其实还有很多动物会通过"吐"丝保护子女或获取食物。

三棘刺鱼(图 2-3)生活在寒带到温带浅海中。雄刺鱼能"吐"丝建巢以保护自己的儿女。每当雌刺鱼要进入产卵期时，雄刺鱼就十分仔细地选择筑巢场所，一般选择在水草间，将草叶围成瓶子状的新房，并迅速从自己嘴中"吐"出黏液将这些建材牢牢粘住，建成巢穴，迎接雌刺鱼进入新居。于是雌刺鱼就进入这个安全又舒适的"产房"里产卵了。

图 2-3 三棘刺鱼

三、会发声的鱼

你知道吗？ 当我们站在水族箱前，看到里面的鱼在静悄悄地游来游去，你会想到有些鱼也会像人类一样通过声音来实现彼此之间的信息交流吗？

当我们在水族箱前驻足赏鱼的时候，只看到了它们曼妙的身姿和轻盈的体态，却听不到一点声音，在水族馆里也是这样。所以，一般人都以为鱼类全是哑巴，显然这是不对的。水下的鱼种类繁多，能发声的鱼有很多，它们发出的声音也千奇百怪，各色音调都有。在波涛汹涌的大海里，每时每刻都有一些鱼在"浅吟低唱"，也有一些鱼在"引吭高歌"。它们通过声音来交流喜怒哀乐等情感；通过声音来传递食物、危险、合作、拒绝等方面的信息；通过声音向异性标示自己的位置，显示自己的健康状况，引起异性的注意。有的声音则是它们对外界环境的变化感到不适而发出的。

如果我们把特制的声音传感器放到海洋里，就会知道隐藏在波涛下面的海洋世界是多么喧闹了。

石首鱼是出色的口技大师，它能发出碾轧声、打鼓声、蜂雀的飞翔声、猫叫声和呼哨声等多种声音，尤其在它们的繁殖期间发声最频繁，音调变化也最复杂。这是石首鱼在向异性炫耀自己的健康，也是为了集群的需要。

在海洋鱼类中，脾气最坏的是长着胸鳍的海鲂（图2-4）。它们整天在海洋里吵闹不休，发出"哇哇"的"喊声"，即使被捉上了渔船，也会持续大喊大叫，片刻也不安宁。

最糟糕的"歌手"是鮟鱇，它们那别扭的嗓子发出的是生病老人的咳嗽声，时急时缓，时断时续，让人听了不舒服。

图 2-4　海鲂

我们知道，哺乳动物是让气流通过狭窄的声道，使声带振动发声的。鱼类生活在水中，它们的咽喉里不会有气流通过，怎么发出声音呢？

大多数能发声的鱼，主要是靠体内的发声器官——鳔发声的。鱼鳔是一个充满气体的膜质囊，靠一些纤细而有韧性的肌肉与脊椎骨相连。这些肌肉就像琴弦，通过收缩和舒张引起鳔壁和鳔内的气体振动，从而发出声音。

有些鱼不依靠鳔发声。例如，竹夹鱼、翻车鱼是利用喉齿摩擦发声的；鼓鱼、刺鲀是利用背鳍、胸鳍或臀鳍的刺根振动而发声的；还有不少鱼是利用呼吸时鳃盖的振动或肛门的排气而发出声音的。

通过鱼的身体器官发出的声音在科学上统称为"生理学声音"。此外，许多鱼类在结成大群游动时也会发出声音，被称为"水动力学声音"。

随着科学技术的发展，人们对鱼类发声的机理和生物学意义研究得越来越透彻。现在人们已经能够利用"水中听音器"来收听鱼类的声音，了解鱼群的大小、移动方向、离渔船的远近等。将来，随着对鱼类发声现象的深入研究，完全有可能做到如下两点：一是利用仪器测知鱼的声音，断定鱼的种类、在什么地方、有多少；二是人为地把特定的声响送到水中，传播出去，从而把鱼诱集成群，甚至使它们游到渔网中去。

四、可以到陆地玩耍的鱼——弹涂鱼

你知道吗？ 都说鱼离不开水，那么鱼离开了水是不是一定会死亡？事实上，有些鱼是可以离开水的。

俗话说"鱼水情深"。鱼如果离开了水，就会由于鳃丝干燥，彼此粘接，停止呼吸，生命也就终止了。然而，在我国沿海却生活着一类能够离开水的鱼——弹涂鱼（图 2-5）。

图 2-5　弹涂鱼

在亿万年以前，由于种种原因，比如持久干旱的季节，弹涂鱼的祖先被迫远离了水源，在这种情况下大多数鱼在还没有回到水中就已经死亡，只有一些特别强健的个体生存了下来。经过一次又一次的干旱，能够长时间离开海洋的弹涂鱼被选择了下来并成功繁衍后代，它们的后代继承了这种优秀的变异，逐渐适应了离开水的生活方式。

弹涂鱼又名花跳、跳跳鱼，隶属于鲈形目、虾虎鱼科。中国有 3 属 6 种，常见的种类有弹涂鱼、大弹涂鱼、青弹涂鱼。弹涂鱼是由鱼演变成两栖动物的过渡类型。弹涂鱼体长 10 厘米左右，略侧扁，两眼在头部上方，似蛙眼，视野开阔。它们的鳃腔很大，鳃盖密封，鳃腔内表皮布满血管网，能迅速地和水进行气体交换。在离开水时，弹涂鱼会含上一口水，以此延长在陆地上停留的时间。这口水可以帮助它们呼吸，就像人类潜水时背的氧气罐一样提供氧气。除此之外，弹涂鱼的皮肤、尾鳍上布满丰富的毛细血管，使得它们能通过皮肤直接与空气进行气体交换，这一点很像两栖类的青蛙。

弹涂鱼不能长时间离开海水，因为它们的皮肤和尾鳍的气体交换功能还是非常不完善的，只能起到对鳃呼吸的补充作用。当它们张开嘴进食的时候，口中维持生命的含氧的水马上会流出来，所以它们必须立即补充水，否则就会窒息。由于浅滩上的水有可能干涸，所以在泥土还湿润的时候，弹涂鱼就给自己挖一个洞，这个洞一直挖到水线以下。这样，即使是在干旱的天气，弹涂鱼也可以得到海水，供呼吸之用。挖洞可是个辛苦活儿。弹涂鱼从洞底含上一大口泥来到地面吐出，然后再回去接着挖。它们就这样用嘴一点一点地建造出一个个复杂的地下泥洞。泥洞是弹涂鱼繁衍生息的场所，包括一个个小单间，每个单间都有专门的功能。有一个小洞是孵化间，孵化间的壁上挂满鱼卵。泥洞给鱼卵提供了适宜的温度、湿度等条件。由于洞里空气稀薄，弹涂鱼还要不断地到地面吸上一大口空气，然后爬回洞里吐在孵化间里。这样重复数百次之后，小弹涂鱼才能孵化出来。小弹涂鱼长大以后，就可以嘴中含口水到陆地上探险。这些独特的生理结构和行为，使弹涂鱼能够离开水较长时间。

弹涂鱼没有四肢，它们怎么在陆地上行动呢？原来，弹涂鱼的腹鳍强健有力，可以支撑身体；腹鳍上还有吸盘，可以起到固定作用。它们的胸鳍可以像船桨一样划动，让它们在陆地上快速行走。此外，弹涂鱼还能借助腹鳍上的吸盘吸附在树枝上，所以有人说它们是会爬树的鱼。弹涂鱼发达的胸鳍很像高等动物的前肢，在遇到危险的时候，它们能以比人走路还快的速度溜走。生活在热带地区的弹涂鱼，在低潮时为了捕捉食物，常在海滩上跳来跳去，也喜欢爬到红树的根上捕捉昆虫吃。

弹涂鱼是沿海渔民喜欢的美味。炖上几条弹涂鱼，就是一家人丰盛的晚宴。但弹涂鱼总在海边滩涂的稀泥里挖洞生活，渔民很难靠近。而且它们离开洞口活动时，稍有动静就迅速躲进洞里，这使弹涂鱼非常难以捕捉。不过，海边的渔民自有办法。他们在长长的鱼竿上系上长绳，长绳的末端是一段尖锐的铁丝。渔民先用鱼竿将长绳甩到远处的弹涂鱼附近，待弹涂鱼靠近时，再迅速拉起鱼竿，铁丝就会一下子扎进弹涂鱼的肚子。不等它挣扎，渔民已经通过收紧的鱼竿将它抓在手里了。

除了弹涂鱼，鲇鱼等也能长时间离开水。它们几天不到水里都不会死亡。从生物进化的角度来看，弹涂鱼和鲇鱼等是水生向陆生演化的过渡类型，两栖类的祖先就应该是像它们这样的动物，经过漫长的进化，才在此基础上形成了形形色色的陆生动物。

五、呼吸空气的鱼——肺鱼

你知道吗？ 鱼离不开水，是因为鱼用鳃过滤水中溶解的氧气。但肺鱼是一个例外，它们拥有陆地动物才有的肺，可以从空气中获得氧气。非洲肺鱼可以在干旱季节里蜷缩在淤泥里，降低自己的代谢水平，潜伏几个月甚至几年，直到雨季来临。

我们知道，鱼类是用鳃呼吸的，用肺呼吸是陆生动物的特征。而肺鱼（图 2-6）却有与陆生动物相似的肺，它们是一类特殊的鱼。在地质历史时期，肺鱼曾经盛极一时，遍布全球。沧海桑田，随着环境的变迁，肺鱼逐渐被排挤到干旱地区的季节性河流生存，成了一个不起眼的小家族，是动物进化史上的一种现代遗迹。

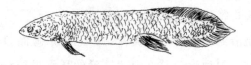

图 2-6　肺鱼

现代的澳洲肺鱼体长可达 125 厘米，重达 10 千克。它们是在恐龙繁盛的中生代广泛分布的角齿鱼的直接后裔。科学家曾对澳洲肺鱼的生活习性进行过详细的观察，发现它们不能长时间待在水下，每过半小时左右就要用鳍脚撑起身子，露出水面进行呼吸，这很像鲸鱼等用肺呼吸的动物。通过解剖研究，科学家发现，澳洲肺鱼的肺几乎与身体一样长，但只有一叶，结构也非常简单，没有肺泡那样可以高效交换气体的复杂结构。由于这种肺吸氧能力很差，澳洲肺鱼主要的呼吸器官仍然是鳃，它的肺呼吸只是对鳃呼吸的补充。如果将澳洲肺鱼提离水面，那么它会像其他鱼类一样死亡。

在非洲和南美洲，有其他种类的肺鱼。与澳洲肺鱼不同的是，这两个地区的肺鱼都有一对肺，而且肺的结构也有了明显进化。这些肺鱼在它们栖息的河流完全干涸后，还能顽强地生存好几个月甚至几年。这是对当地干旱气候的一种适应。当每年的旱季来临时，这些肺鱼就钻进泥里并用自己分泌的黏液把身体包裹起来，只留下一到数个小孔与外界通气，以使自己能够进行呼吸，度过这个不良的季节。当雨季来临，河流恢复的时候，它们就会从泥里钻出来再度恢复生机。当地的土著居民经常挖取河滩上带草皮的土块垒成土墙或盖成房屋。这时，有些钻在泥里的肺鱼也被移到土墙里，它们在干硬的土墙里并没有死亡，而是处于一种休眠状态。当暴雨来临时，如果雨水溅湿了墙面，它们就苏醒过来，钻出土墙，跳到水里，开始新的生活。

肺鱼呼吸空气的能力使我们联想到，它们可能是鱼类和陆生脊椎动物之间的一个过渡环节。特别是澳洲肺鱼的偶鳍，外形很像陆生动物的腿，肺鱼甚至可以用这样的偶鳍在河滩或是水塘底部像走路似的移动身体。从它们身上我们可以看出陆生动物的早期形态。

　　肺鱼的存在让我们知道过去鱼类是怎样向两栖类过渡的，但绝不能说肺鱼就是两栖类的祖先，因为肺鱼与两栖类还存在很大的区别（表 2-1）。

表 2-1　肺鱼与两栖类的区别

项目	肺鱼	两栖类
颅骨硬骨化的程度	很低	拥有坚实的硬骨质的颅骨
四肢	能用特化的偶鳍行走，但偶鳍过于纤弱，不能长时间支撑身体	有完善的四肢，能长时间支撑身体，能在陆地行走跳跃
肺	由鱼鳔演化而来，有一叶或两叶，还要依赖鳃呼吸获得氧气	成年个体没有鳃，可以通过肺呼吸获得需要的氧气，能长时间离开水

　　所以，我们应该用发展和进化的观点来看待这两类动物。现代肺鱼和现代两栖类应该是由原始的共同祖先进化来的。现代肺鱼通过长期的进化逐渐适应了干旱地区的季节性缺水环境，具有了种种适应性的结构和行为。现代两栖类也通过长期的进化拥有了适应水陆两栖生活的结构和行为。

六、温顺而奇特的"魔鬼鱼"——蝠鲼

　　你知道吗？ 在我们的想象中，魔鬼应该是长相丑陋、行动悄无声息、来无影去无踪的怪物。在浩瀚的海洋中，就有一种奇怪的鱼被称为"魔鬼鱼"。

蝠鲼（图 2-7），是生活在热带
和亚热带海域底层的软骨鱼类，形
似蝙蝠，身躯庞大，长相吓人，行
动诡异，被人们称为"魔鬼鱼"。

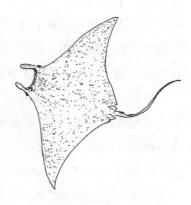

图 2-7 蝠鲼

蝠鲼是一类古老的鱼，早在中
生代侏罗纪时便出现在海洋中了。
从发现的化石可以看出，蝠鲼现在
还保持着 1 亿多年前的体形。虽然
它们和凶猛的鲨鱼是近亲，但蝠鲼
其实是非常温顺的动物。

蝠鲼的身体扁平，宽大于长，就像一只飞翔的蝙蝠，所以被
人称为蝠鲼。蝠鲼根据种类不同，体长可以从 60 厘米到 8 米，最
大的种类体重可达 5 000 千克。

在动物分类学上蝠鲼属于蝠鲼科，几种蝠鲼的形态结构非常
相似。它们主要以浮游生物和小鱼为食，经常在珊瑚礁附近巡游
觅食。蝠鲼平时性格安静而沉稳，它们缓慢地扇动着双翼在海中
悠闲游动，走到哪里，就吃到哪里。

蝠鲼的头鳍向前突起，可以自由转动，能像筷子一样把食物
拨入口中。由于头鳍力量强大，蝠鲼常常用其作为武器进行攻击。
虽然蝠鲼平时安静悠闲，但受到惊扰时它们也会迸发出骇人的力
量。它们那有力的头鳍和宽大的双翼既能将小船掀翻，也能让潜
水员瞬间毙命。此外，有些种类的尾部还暗藏着一种可怕的武
器——一根锋利的毒棘，被毒棘刺中后会疼痛无比。由于有这些
强大的武器，海洋里最凶猛的杀手——鲨鱼也不敢轻易招惹蝠鲼。

蝠鲼有时也会搞些恶作剧。它们有时潜到在海中航行的小船

的下方，不断用双翼敲打小船底部，发出"啪、啪"的响声；有时用头鳍拱着小船前进；有时会用头鳍拉着小船的锚链，拖着小船在海上乱跑。这些恶作剧常常让渔民惊恐不安。

蝠鲼为卵胎生，每次只产一到两胎，可以说它们的繁殖率很低。受精卵经过 13 个月的发育之后，小蝠鲼会直接从母体产出。有的种类的蝠鲼一出生就有 20 千克重，长约 1 米，5 岁时达到性成熟，寿命约为 20 年。小蝠鲼一出生就可以独自摄食，但还需要跟随母亲生活。这是因为在遇到危险的时候母亲会挺身而出击退敌人。所以，如果渔民试图捕捞小蝠鲼，可能会遭到蝠鲼母亲的攻击。

近年来，由于过度捕捞、栖息环境污染严重，蝠鲼的数量已经锐减。为了保护蝠鲼，很多国家都出台了禁捕等措施。但愿人类能保护好这些体态优美的鱼，让人们在海面上经常见到它们腾空飞跃的矫健身姿。

七、海中仙子——蝴蝶鱼

你知道吗？ 春夏之际，惠风和畅，晴空万里，鸟语花香。几只蝴蝶在花丛中翩翩起舞，就像来到人间的仙子，让人浮想联翩。北宋诗人谢逸的《咏蝴蝶》就描写了这种美丽的景象：

> 狂随柳絮有时见，
>
> 舞入梨花何处寻。
>
> 江天春晚暖风细，
>
> 相逐卖花人过桥。

多数人不了解的是，在浩瀚的海洋里也有色彩绮丽的蝴蝶鱼，它们在水中嬉戏游弋的身影更是让人着迷，让人觉得如真似幻，令人心旷神怡。

蝴蝶鱼(图 2-8)俗称热带鱼，属于鲈形目蝴蝶鱼科，体长从几厘米到 30 厘米不等，分布在印度洋和太平洋暖水区，我国仅在南海可以发现这种美丽的小鱼。

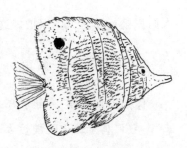

图 2-8 蝴蝶鱼

蝴蝶鱼身体侧扁，适于在珊瑚丛中来回穿梭。它们在珊瑚丛中觅食，遇到危险时也会躲进珊瑚丛中藏身。有些蝴蝶鱼还有一种特殊的适应环境的本领，它们艳丽的体色可以随环境色彩的改变而改变。原来，这些蝴蝶鱼的体表有大量色素细胞，在神经系统的控制下，可以展开或收缩，从而使体表呈现不同的色彩。一般的蝴蝶鱼改变一次体色要几分钟，而有的仅需几秒钟。蝴蝶鱼巧妙的变色与伪装，是为了使自己的体色与周围五光十色的珊瑚丛颜色一致，不易被敌害发现。

许多蝴蝶鱼有极巧妙的伪装，它们常把自己真正的眼睛藏在穿过头部的黑色条纹之中，而在尾柄处或背鳍后留有一个非常醒目的"伪眼"，常使捕食者误认为是其头部而受到迷惑。当敌害向其"伪眼"发动攻击时，蝴蝶鱼快速地摆动尾巴，逃之夭夭。

蝴蝶鱼对爱情忠贞专一，它们成双成对在珊瑚礁中游弋、嬉戏，总是形影不离。当一尾摄食时，另一尾就在旁边负责警戒。有一种蝴蝶鱼在小时候一雌一雄双双钻入珊瑚礁的缝隙中，在那里捕食飘来的浮游生物，长大以后再也出不来了，就永远守护在一起，终老洞中。

目前，由于环境污染加剧，人类对珊瑚过度采挖，全球珊瑚礁生态系统呈退化趋势。有些蝴蝶鱼已经处在灭绝的边缘。希望人们积极行动起来，保护好这些美丽的生灵。

八、海中霸王——鲨鱼

你知道吗？ 鲨鱼由于行动迅速，性格凶猛，被称为"海中霸王"。它们属于进化缓慢的古老物种，今天的鲨鱼和上亿年前的鲨鱼其实差别不大，这在陆地动物中是少有的事，这是为什么呢？

在浩瀚的海洋里，鲨鱼（图 2-9）被称为"海中霸王"。全世界约有 380 种鲨鱼，在世界各大洋中都有分布，仅中国海域里就有 70 多种。很多人认为鲨鱼是非常凶猛的吃人鱼类，其实大部分鲨鱼对人类有利而无害，世界上只有 30 多种鲨鱼会在感到危险时袭击人类和船只，能致人死亡的鲨鱼只有 7 种。世界上最大的鱼类是鲸鲨，它们性情温顺，以浮游生物为食，不会进攻其他大型鱼类。

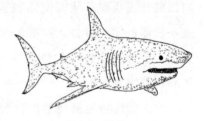

图 2-9　鲨鱼

鲨鱼是一类古老的动物，早在恐龙出现前 3 亿年就已经存在于地球上，至今已超过 4 亿年。由于海洋生态环境比较稳定，鲨鱼的进化也很缓慢，现在的鲨鱼与 1 亿年前的鲨鱼相比，几乎没有变化。鲨鱼属于比较原始的软骨鱼类，体内没有鱼鳔，调节沉浮主要靠它们很大的肝脏。一尾 3.5 米长的大白鲨，肝脏质量可达 30 千克。科学家的研究表明，鲨鱼的肝脏依靠比一般甘油三酯轻得多的二酰基甘油醚的增减来调节浮力。

作为一个成功的海洋猎手，鲨鱼有很多其他鱼类无法企及的本领。

鲨鱼的鼻孔位于头部腹面口的前方，嗅觉非常敏锐，在几千米之外就能闻到血腥味，海洋中的动物一旦受伤，往往会受到鲨鱼的袭击而丧生。

鲨鱼头部有个特殊的电感受器，能够感受到鱼类周围的电场变化。这样，鲨鱼就能根据电场变化对猎物准确定位，使自己的捕食效率更高。

鲨鱼的身体两侧有旁线神经系统，这是一排神经末梢，能让鲨鱼感觉到 600 米以外的猎物造成的水波振动。这样即使猎物没有受伤，在其毫无觉察的情况下，鲨鱼也能在远处对其有清晰的了解。在寻找食物时，通常是一尾或几尾鲨鱼在水中游弋，一旦发现目标就会快速出击吞食之。特别是在有大量食饵落水时，它们群集而至，处于兴奋狂乱状态的鲨鱼几乎要吃掉所遇到的一切，甚至为争食而相互残杀。

很多鲨鱼，包括大白鲨，它们的牙齿不是像海洋里其他动物那样只有一排，而是具有 5～6 排，而且它们的牙齿还可以不断更换。只要前方的牙齿因进食脱落，后方的牙齿便会补上。新的牙齿比旧的牙齿更大更耐用。角鲨和棘角鲨等鲨鱼则会更换整排牙齿。据统计，一尾鲨鱼，在 10 年内竟要换掉 2 万余颗牙齿。鲨鱼的牙齿锋利无比，形状与其食性密切相关。例如，有些鲨鱼的牙齿利如剃刀，用来切割食物；有些鲨鱼的牙齿像锯齿一样，用来撕扯食物；还有些鲨鱼的牙齿呈扁平白状，用来压碎食物外壳和骨头等。大白鲨由于身体庞大，不像其他鲨鱼那么灵活，却是伏击的高手。它的背面颜色很暗，腹面明亮。当它从下方来袭时，由于背面颜色和深海接近，要等它发动攻击时才会被发现；当它从上方来袭时，白色的腹面和海水反映出的明亮天色融为一体，依然不容易被猎物发现。

鲨鱼有极为重要的生态价值。它们每天捕食掉的鱼，多数是受伤的、衰老的、有病的。这对于维护鱼类群体的健康非常有利。此外，鲨鱼位居食物链的顶端，对于控制其他鱼类的数量非常重要。如果没有鲨鱼的捕食，一些鱼类的数量就会持续攀升，最终造成海洋生态系统的崩溃，所以，鲨鱼在维护海洋的生态平衡中起着不可替代的作用。

九、可怕的食人鲳

你知道吗？ 狮子在辽阔的草原上几乎没有对手，老虎在茂密的森林中独霸一方。在河湖的水中世界里，食人鲳虽然身小力薄，却依靠锋利的牙齿所向披靡。

食人鲳（图 2-10），又称食人鱼，学名红腹锯鲑脂鲤，原产于南美洲的亚马孙河流域，主要分布在巴西。鱼体呈卵圆形，侧扁，尾鳍呈叉形，成鱼体长多在 250 毫米左右，大的可达 450 毫米，体呈灰绿色，背部墨绿色，腹部为鲜红色。

图 2-10　食人鲳

食人鲳的下颚发达有力，三角形的牙齿呈锯齿状排列，撕咬力很强。在巴西，印第安人称食人鲳为"皮拉尼亚"，意思是"割破皮肤的"。土著印第安居民常常将食人鲳的牙齿当小刀来使用。

食人鲳易于饲养，它们对水质要求不高，喜欢弱酸性的软水，生长适宜水温为 22～28℃。食人鲳是杂食性鱼类，群体觅食，成年鱼一般在黎明和黄昏时觅食，主要以昆虫、蠕虫、鱼类为食。如果与其他鱼共养，其他鱼会被咬死吃光。在饥饿的情况下，它们对血腥味更加敏感，一点血腥味常会激起大群食人鲳的疯狂攻击。成群的食人鲳只需十几分钟就能将一头水牛啃噬成骨架！食人鲳因此被称为"水中狼族""水鬼"。

在原产地，虽然偶尔有人类遭受食人鲳攻击的报道，但总体来看，食人鲳在巴西没有泛滥成灾。这是由于在当地它们有众多天敌的制约，而且，在漫长的进化过程中，许多水生动物都有了对付食人鲳的本事，比如有些鱼浑身长满了刺，使食人鲳不敢轻举妄动。

由于巴西对食人鲳的出口没有限制，它们常被作为观赏鱼出口到其他国家。在美国，由于食人鲳被无意放生，波托马克河里已经发现了它们的踪迹。在我国也出现了类似的情况，食人鲳咬伤饲养人员和养鱼爱好者的情况时有发生。生态学家认为，食人鲳非常适宜在我国南方生长和繁殖，它们一旦进入自然水域，就会威胁土著鱼类，使我国渔业资源遭受重大损失，破坏当地的生态平衡。

目前，各国已制定了一些法规防止外来物种入侵。《生物多样性公约》(1992 年)第八条规定：防止引进、控制或消除那些威胁到生态系统、生境或物种的外来物种。现在，美国已有 20 多个州禁止养殖食人鲳，同时，还专门成立了外来物种入侵管理委员会，协调、管理全国的外来物种入侵问题。我国也制定了相关法规，禁止非法养殖、经营食人鲳，以确保我国的生物安全。

十、最可怕的"幽灵"——斧头鱼

你知道吗? 如果有一天你潜入海底,有一种瞪着大眼睛的像魔鬼一样的鱼突然游到你的面前,会不会把你吓坏呢?

斧头鱼(图 2-11)有一对凸出体表的像灯泡一样大而无神的眼睛,还有一张布满细小锋利牙齿的吓人的大嘴,它们还能发光,在海底绝对是一种可怕的幽灵。它们浑身透明,身长只有 5~8 厘米,身体两侧有许多刺一样的小突起,集群生活。斧头鱼利用发出的光在昏暗的海底吸引配偶,也让那些喜欢光线的小鱼纷纷赶来并最终成为它们的盘中餐。

图 **2-11** 斧头鱼

斧头鱼名字来源于其斧头刀口一般瘦小而扁平的身体,特别是胸部附近的轮廓特别像斧头的刀刃。它们面目丑陋,长得像燃烧着"鬼火"的骷髅头。不过,尽管斧头鱼长相吓人,它们对人并没有什么危害。现在,很多水族馆都饲养斧头鱼供大家观赏。

十一、会钓鱼的鱼——鮟鱇

你知道吗? 钓鱼可是个技术活儿,需要挑选鱼喜欢吃的饵料,还要长时间耐心地等待。在海洋里,有一类鱼是钓鱼高手,它们靠出色的伪装和神奇的本领能钓到自己想吃的鱼。

鮟鱇(图 2-12)俗称结巴鱼、蛤蟆鱼、海蛤蟆、琵琶鱼等,是一类世界性鱼类，在大西洋、太平洋、印度洋的热带和亚热带海域都有分布。鮟鱇种类很多，在我国沿海可以看到两种：黄鮟鱇和黑鮟鱇。

鮟鱇的头上和全身边缘有很多小疙瘩，看起来特别丑陋。鮟鱇一般体长 40～60 厘米，最大的可达

图 2-12 鮟鱇

1.5 米。鮟鱇虽然容貌丑陋，但是特别会伪装。它们经常趴在海底一动不动，身体随着海水环境的变化而变色，身上的疙瘩和斑纹与周围环境融为一体。鮟鱇背鳍上最前面的刺特别长，像钓竿一样向前伸出，最前端还有一个"小灯笼"（能发光的皮肤皱褶，称为皮瓣）伸出来作为诱饵，这个"小灯笼"能不断摇动，吸引那些趋光的小鱼前来觅食。当那些急于吃到诱饵的小鱼游到跟前的时候，鮟鱇就会突然张开大嘴，一口将猎物吞下。由于深海中鱼类稀少，鮟鱇捕猎非常困难，经常十天半个月吃不上一顿饱饭。有时好不容易遇到一个上钩的猎物，却比自己还大，这时鮟鱇是不是得放弃呢？当然不是。由于鮟鱇具有特殊的身体结构，哪怕猎物比自己的身体还要大一些，它们都能毫不犹豫地张开硕大无比的大嘴一口吞下。但事情都具有两面性。鮟鱇的"小灯笼"可以作为诱饵钓鱼，也可以被其他凶猛的肉食性鱼类发现。当遇到这种危险情况时，它们就迅速将"小灯笼"塞进嘴里，周围就会变得漆黑一片，鮟鱇就趁机逃之夭夭。

由于鮟鱇常年生活在黑暗的海底，又行动迟缓，独来独往，这样，在辽阔的海洋中雄性鮟鱇很难找到雌性。那该怎么办呢？原来，鮟鱇的幼鱼不论雌雄都在海面生活，以浮游生物为食。等

发育到一定程度，雄鱼就会选择一条合适的雌鱼，咬破雌鱼腹部的皮肤并贴附在上面。由于雄鱼个体很小，雌鱼个体很大而且生长得非常快，雄鱼很快就被雌鱼的组织包住，它们的组织连接在一起，以后雄鱼就寄生在这里。最后，雌鱼带着雄鱼一起来到海底，过起守灯待鱼的钓鱼生活来。

十二、会伪装的鱼——珊瑚鱼

你知道吗？在陆地上，很多动物依靠出色的伪装逃避敌害；在海洋中，也有一些鱼利用伪装成功地生存下来。在陆地上，有独特本领的动物往往会招摇过市；在海洋中，有毒的鱼也会通过艳丽的体色宣告自己的存在。

珊瑚礁"地形"复杂、饵料丰富，吸引了众多的海洋动物在这里安家落户。科学调查表明，一处珊瑚礁可以养育大概 400 种鱼。在珊瑚礁生活的鱼被统称为珊瑚鱼。在弱肉强食的复杂海洋环境中，珊瑚鱼通过巧妙的变色与伪装，使自己的体色与周围环境融为一体，令敌害和捕食对象都不容易发现自己，从而在竞争激烈的海洋环境中获得了生存繁衍的机会。

每一种珊瑚鱼都有自己独特的生存本领。在我们看来，珊瑚鱼着装艳丽，舞姿翩翩，好像它们的生活也是这样悠闲自如、轻松浪漫。其实，每一种动物要生存下去，都要面临严酷的挑战。有的珊瑚鱼拥有与周围珊瑚色彩非常相像的体色，这是一种保护色，可以使敌害不容易发现自己；有的珊瑚鱼拥有华丽鲜艳的外表，与周围环境形成巨大的反差，这是一种警戒色，表明自己是有毒的，告诉对手不要招惹自己；有的珊瑚鱼拥有出色的伪装，特别像一段珊瑚、一块石头，或与海底的沙子混为一体，这是拟态，也能够使敌害不容易发现自己。

下面介绍几种美丽的珊瑚鱼。

在珊瑚礁中生活的小丑鱼（图 2-13），常与海葵共栖。色彩艳丽的小丑鱼在海葵附近穿梭，引来觅食的小鱼小虾，这些小鱼小虾被海葵触手上的刺细胞麻痹，成为海葵的食物。在遇到危险时，小丑鱼就钻到海葵的触手丛中，长满刺细胞的触手就成了小丑鱼的保护伞。

图 2-13　小丑鱼

刺盖鱼俗称神仙鱼（图 2-14），是最华丽的珊瑚鱼，也是热带鱼的代名词，只要一提起热带鱼，人们就会联想到这些在珊瑚丛中悠然穿梭、雍容华贵、美丽大方的鱼。神仙鱼喜欢自然配对，它们经常成双成对地一起游动、一起摄食。

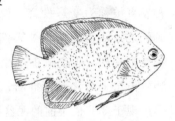

图 2-14　神仙鱼

在珊瑚礁的海藻丛中常生活着一类躄鱼，它们的体色和体态都与周围的海藻相似，将身体全部隐藏在海藻丛中，只露出由第一背鳍演变成的吻触手，吻触手像一根探出来的鱼竿，上面有诱饵，吸引小鱼小虾前来。

有美就有丑，在珊瑚礁中有一种看了就令人生畏的玫瑰毒鲉，它长相丑陋，体色灰暗，间有红色斑点。玫瑰毒鲉常隐伏于珊瑚礁或海藻丛中，活像海底的一块礁石或一团海藻，小鱼小虾游近时，被其背棘、头棘刺中，就会立即死亡，成为它的腹中之物。如果潜水员被它刺伤，就要及时抢救，否则几小时之内就会死亡。

第三章　两栖动物

两栖动物简介

我们都学过《小蝌蚪找妈妈》这篇课文。小蝌蚪用鳃呼吸，没有四肢，却有一条用于在水中游泳的尾巴，能够在水中自由游动。后来，小蝌蚪先长出后肢，再长出前肢，尾巴逐渐消失，变成拥有四肢、用肺呼吸的青蛙。这个过程只需要大约40天的时间，这种发育被称为变态发育。像青蛙这样幼体生活在水中，成体可以到陆地上活动的动物被人们称为两栖动物。从进化上看，两栖动物是第一种呼吸空气的陆生脊椎动物，是从水生到陆生的过渡类型。由出土的化石来推断，两栖类的祖先是原始的鱼类，它们最早出现于3.6亿年前的泥盆纪后期。

在两栖动物身上，既有适应陆地生活的新的性状，又有从鱼类祖先继承下来的适应水生生活的性状。成年两栖动物虽然可以用肺呼吸，在陆地上生活，但它们还需要在水中产卵，幼体也需要生活在水中，用鳃呼吸，所以两栖动物还不能离开水，它们一般需要生活在水源附近。它们的皮肤没有爬行动物那样的铠甲，没有鸟类那样的羽毛，也没有哺乳动物那样丰富的体毛，光溜溜的皮肤直接裸露在外面，有辅助呼吸的作用。为了防止裸露的皮肤散失过多的水分，两栖动物的皮肤能分泌黏液，使皮肤保持湿润。它们的心脏结构也非常简单，虽然有两个心房，却只有一个心室，动脉血和静脉血不能分开，这样血液运输氧气和营养物质的效率都很低，导致它们的代谢水平较低，所以两栖动物受外界环境的影响非常大，是变温动物。当环境温度较高时，它们比较活跃；当环境温度降低时，两栖动物的生命活动就会减弱，温度降低到5℃时，两栖动物就会休眠。

两栖动物有三种类型。第一类是有腿有尾的，如蝾螈。个体小的蝾螈成年后只有12厘米长，个体最大的体长可达到170厘米。蝾螈有短小的身体、4条腿和1条尾巴。有的蝾螈终生生活在水中；有的只在生命初始阶段在水中，以后就在陆地上生活；还有的生活在树上或地洞里。第二类是有腿没尾的，如青蛙和蟾蜍。最小的青蛙成年后体长只有1.2厘米，最大的青蛙（将后腿拉直）体长可达1米。它们通常有适于跳跃的发达的后腿、短小的身体和大大的头。蟾蜍多数时间在陆地上生活。第三类是有尾没腿的，如蚓螈。它们身体长，尾短，体表有许多体环，看上去有点儿像蚯蚓。蚓螈通常在湿土中挖洞，厚厚的头骨有助于它们在地下穿行。蚓螈的大小从15厘米到130多厘米不等，它们只生活在炎热、潮湿的热带气候带。除盲游蚓科为水栖种类外，其余蚓螈都为穴居种类。

两栖动物当中的绝大多数都是对人有益的。它们捕食多种昆虫，其中多数都是农林害虫，如蝗虫、松毛虫、稻螟、天牛、椿象、黏虫等。现在，人们越来越清楚使用农药会造成环境污染，也越来越清楚生物防治的低成本、高效率、无污染。

两栖动物还有重要的药用价值。产于我国东北的中国林蛙，雌蛙的输卵管干燥物被称为"雪蛤油"，具有补虚润肺、养颜美容、强身健体的功效，是珍贵的药材。蟾蜍的蟾酥、蟾衣、蟾胆、蟾肝等也是贵重药材。

由于温室效应加剧、环境污染越来越严重、栖息地被破坏等原因，很多两栖动物已经灭绝或处于灭绝的边缘。英国科学家预测，到2050年欧洲将有一半以上的两栖动物面临灭绝。这些两栖动物当中，有很多在动物进化史研究方面有极为重要的价值。

一、奇特的胃育蛙

你知道吗？ 有的动物是从卵中孵化出来的，有的动物是从母体中生出来的。而有一类蛙的幼体却是在母体的胃里发育，然后被雌蛙从嘴里吐出来的，这就是胃育蛙。

1937年在澳大利亚昆士兰州的森林中，人们发现了一类蛙——胃育蛙（图3-1）。胃育蛙的雌蛙从嘴里"生"出小胃育蛙。雌蛙在"生"出小胃育蛙之前，先把自己的嘴巴张得大大的，大约等1~2分钟后，小胃育蛙就从雌蛙嘴里跳出来了。

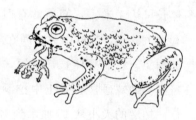

图 3-1　胃育蛙

科学家的观察研究证实，这类蛙产卵后，雌蛙就守候在旁边。待卵受精后，雌蛙就将自己所产的大约40粒卵吞咽到胃里。接着，雌蛙就躲在草丛里不吃不动安心孵卵，直到小胃育蛙孵化后再把它们吐出来。在孵化期间，由于卵的发育，雌蛙的胃也被撑得越来越大，以满足幼体成长的需要。由于体内的空间有限，雌蛙胃部涨大时，肺部逐渐缩小，雌蛙的呼吸也逐渐地由皮肤承担。

那么，雌蛙将卵吞进胃里之后，卵为什么没有被胃酸消化分解掉呢？原来，这类蛙的卵表面包裹着一层前列腺素，这种激素可以让胃腺停止产生胃酸。这样，雌蛙的胃就成了一个可以提供适宜温度和湿度的极好的发育场所。

刚孵化出来的小胃育蛙由于缺乏色素，体色很淡，过几天就会逐渐接近成年胃育蛙的体色了。

据说，雌蛙在用胃孵卵期间还能从胃里分泌出一种能治疗胃溃疡的物质，是一种极为珍贵的特效药。遗憾的是，科研人员还没有搞清楚这种药物的生物学机制，胃育蛙就灭绝了。这类极为特殊的蛙从 1983 年开始，就再也没有被人发现过——它们可能从地球上永远消失了。导致胃育蛙灭绝的原因现在还没有搞清楚，可能和栖息地破坏、某种重要食物昆虫消失、疾病感染等原因有关。

现在，一些科学家试图利用已有的标本复原这些蛙。他们将胃育蛙的体细胞核取出来，放进昆士兰地区的另一种蛙——条纹蛙的去核卵细胞里，试图让它发育成胃育蛙，结果卵只发育到早期胚胎阶段就终止了。尽管这一实验失败了，但科学家并不灰心，他们相信早晚会解决这一难题，让这种奇特的动物重现生机。

二、会弹琴的蛙

你知道吗？ 我们熟悉的蛙叫声是"呱——呱——"声，这种声音单调而古板。而在我国浙江、安徽、台湾等地有一种蛙能发出非常悦耳的弹琴一样的"噔——噔——"声，人们称它为"弹琴蛙"。

自然界里有着许许多多天生的"艺术家"。夏季的夜晚，人们在小院里乘凉，此时繁星满天，凉风习习，蟋蟀在草丛中吟唱，蝉在树上演奏，偶尔再有一两声蛙鸣，这只交响乐曲就更加完美了。"稻花香里说丰年，听取蛙声一片"说的是乡下生活的安闲、恬静，描绘的是清新淡雅的乡村美景。

在我国浙江、安徽、台湾等地分布着一种会"弹琴"的蛙。在春夏之交，每当夜幕降临，就从田野传来弹琴一样的"噔——噔——"蛙鸣声，非常悦耳，所以人们称它为弹琴蛙（图 3-2）。经过仔细观察，人们发现会"弹琴"的是雄蛙，

图 3-2　弹琴蛙

雄蛙有一个特殊的声囊，可以使它发出这种奇妙的弹琴声。

研究表明，在每年的 4～5 月，雄蛙在挖好繁殖后代的洞穴之后，就会坐在那里"弹琴"。它用"琴声"赞美自己的洞穴，呼唤雌蛙前来抱对产卵。

弹琴蛙的模式产地在台湾。弹琴蛙一般栖息在海拔 1 800 米以下的山区梯田、沼泽、静水水塘等地方。弹琴蛙昼伏夜出，白天藏在洞里，晚上"弹琴"寻找配偶或外出觅食。

三、会飞的蛙

你知道吗？小鹿依靠强健的四肢在陆地奔跑，鸟儿能依靠有力的翅膀在空中飞翔，树蛙则会依靠趾间巨大的蹼从树梢滑翔到地面。

在我国广西、云南等地的热带雨林里可以发现树蛙（图 3-3）。它们一般生活在雨林中水塘边的高大乔木上。树蛙的脚趾大而长，趾间的蹼膜很宽，类似蝙蝠的翅膀，这使它们能像鼯鼠一样从高

处滑翔到地面，所以人们又称其为"飞蛙"。

图 3-3　树蛙

树蛙白天隐蔽，晚上出来捕捉蚱蜢等昆虫为食。它们通过独特的飞行来捕捉食物和逃避敌害。树蛙在起飞之前，先深深地吸上一口气，使肚子鼓起来。这样，树蛙的体积变大了，滑翔时就可以产生更大的浮力。接着，树蛙张开脚蹼，从很高的树上滑翔到另一棵树上或直接落到地面。在滑翔的时候，树蛙还能收缩腹部以增添升力，也可以调节脚趾操纵滑翔的方向。结束滑翔时，树蛙改变脚蹼的方向，让每只脚变成一顶小小的降落伞，使自己能准确地降落在预定地点。

树蛙不仅拥有出色的滑翔本领，还是出众的隐藏高手。树蛙能随着环境色彩的变化而改变自己的体色，巧妙的伪装让它们不容易被天敌发现，也能够更好地接近食物。在阳光明亮的白天，它们的体色是蓝绿色的；到了傍晚，它们的体色变成深绿色；到了黑漆漆的夜晚，它们的体色变成黑绿色。这样，树蛙的体色总是与周围环境的色彩接近，起到保护色的作用。

树蛙不是像其他蛙那样将卵产在水中，而是产在树叶上。树蛙在产卵的同时，还产出一种"蛋白"。雌蛙把"蛋白"搅拌敲打成一团团泡沫，泡沫里面包裹着蛙卵。不久，泡沫变成薄而坚硬的外壳，里面却仍能保持湿润，这样蛙卵就有了安全而且适宜的发育环境。几天之后，蛙卵发育成了蝌蚪，一直等到雨水到来，把它们冲进池塘里继续发育。

在树上爬行时，树蛙能用脚趾轻松地抓住树枝，也能很轻松地松开树枝。科学家经检测发现，树蛙一只脚的黏着力就可以达到自身体重的 50～100 倍，所以树蛙在树上爬行的时候只要有一只脚粘在树枝上就不会掉下去。在研究了树蛙的脚趾后，科学家发现，树蛙的脚趾有特殊的分泌黏液的组织，这种黏液使树蛙在需要的时候牢牢握住树干，在想离开的时候又能轻易地分离。根据树蛙吸附树干的原理，科学家研制了一种新型黏合剂。这种黏合剂可以让胶带和被粘物体牢牢地贴在一起，在不用的时候也能从一头慢慢撕开，而且不会留下任何痕迹。

四、牛奶蛙

你知道吗？在内蒙古大草原上，徜徉着很多奶牛，这是大家都熟悉的事。在南美洲的热带雨林中，也生活着一种有奶牛一般花纹的蛙。

牛奶蛙（图 3-4）是一种夜行性的大型树蛙，皮肤具有棕色和白色相间的迷彩花纹，就像奶牛一样。牛奶蛙不像其他树蛙那样栖息于叶片上或叶片之间，而是栖息于树干上或树洞中，因此演化出这种特殊的棕白保护色。牛奶蛙的背上布满白色疙瘩，在

图 3-4　牛奶蛙

感到危险时会分泌出乳白色的像牛奶一样但有微毒的白色液体，将捕食者吓走，所以被称为牛奶蛙。自然选择的伟大与神奇让人叹为观止。

与一般的树蛙不同，牛奶蛙需要到水中交配产卵。雌蛙每次

可以产下多达 2 000 粒的卵，卵受精后 2 天左右就可以发育为蝌蚪。蝌蚪在适宜条件下经过 20 天左右可以发育为幼蛙。

牛奶蛙长相特殊，惹人喜爱，抗病力强，人工饲养时寿命可长达 15 年。它捕食范围宽，只要是吞得下的活体食物，如蟋蟀、蟑螂、面包虫等都来者不拒。

五、奇毒无比的箭毒蛙

你知道吗？ 我们常在书中读到某人用一种见血封喉的毒箭射杀敌人，这种毒箭很可能就是用箭毒蛙的毒液制作的。

箭毒蛙（图 3-5）生活在亚马孙河流域的热带雨林里。它之所以有这个名字，是因为当地的印第安人将它身上的毒液涂抹在箭尖上，再用这种毒箭去狩猎。箭毒蛙的毒液会随着蛙的死亡而消失。印第安人在采集毒液的

图 **3-5** 箭毒蛙

时候，先将活的箭毒蛙穿在长棍上，放在火边烤。箭毒蛙的皮肤受热后，皮肤上的腺体就会分泌出白色的剧毒液体。这时印第安人就拿箭在箭毒蛙身体上来回摩擦，毒箭就制成了。1 只箭毒蛙分泌的毒液，可以涂抹 50 支镖、箭。箭毒蛙身体很小，体重只有 1 克多，很不起眼。可是只需用上这种小动物身上十万分之一克的毒液，就能使人毙命。正因为有如此特殊的本领，除了人类之外，箭毒蛙几乎没有天敌。

为什么小小的箭毒蛙会奇毒无比呢？科学家经过研究发现，箭毒蛙的毒素是它体表的腺体分泌的一种生物碱。这种生物碱的

化学结构与一种神经递质——乙酰胆碱非常接近，毒素进入机体之后会和周围神经元上的乙酰胆碱受体结合，使外周神经失去中枢神经系统的控制。所以，如果动物被涂抹有箭毒蛙毒液的箭射中，它的意识是清醒的，身体却不听大脑的指挥了，这就是肌肉麻痹，然后是呼吸麻痹，呼吸功能丧失，心肌麻痹，心脏停止跳动，几秒后动物就会死亡。需要说明的是，直到今天，人们还没有找到解这种毒的方法。所以如果你有机会去亚马孙热带雨林，一定要小心谨慎，不要去招惹箭毒蛙。不过，箭毒蛙的毒液只能通过血液起作用，如果皮肤没有破损，毒液至多只能引起皮疹，而不会致人死亡。聪明的印第安人懂得这个道理，他们在捕捉箭毒蛙时，总是用树叶把手包卷起来以避免中毒。

那么，为什么箭毒蛙自己不会中毒呢？原来，箭毒蛙体内的乙酰胆碱受体与其他动物的有一点儿细微的差别。正是这点儿差别，使它的乙酰胆碱受体不与毒素结合。所以，箭毒蛙的毒素对其他动物来说是致命的，对自己来说却是安全的。这是进化的结果。

六、丑陋的两栖动物——蟾蜍

你知道吗？蟾蜍浑身长满了疙瘩，让人看了不舒服。其实它们浑身是宝，有很高的药用价值，对消灭农田害虫也有重要作用。

蟾蜍(图 3-6)属于无尾目蟾蜍科，其中超过一半的种类都属于同一个属，即蟾蜍属。蟾蜍遍布除波利尼西亚、马达加斯加和两极以外的世界各地。蟾蜍和青蛙分别属于无尾目的蟾蜍科和蛙科。一般来说，皮肤比较光滑、身体比较苗条而善于跳跃的是青蛙；

而皮肤比较粗糙、身体比较臃肿
又不善跳跃的是蟾蜍。

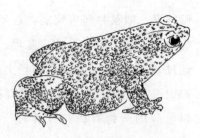

蟾蜍科不同种的蟾蜍体形差
异很大，最大的巨型海蟾蜍身长
可达到 25 厘米，而有些小型的非
洲蟾蜍的身长只有 2.5 厘米左右。

图 3-6　蟾蜍

我国常见的蟾蜍有中华大蟾蜍和黑眶蟾蜍两种。其中最常见的是
中华大蟾蜍，它形态丑陋，浑身长满了疙瘩，被人们称为癞蛤蟆。
蟾蜍有重要的用途，是多种农作物害虫的天敌。据科学家观察研
究，在消灭农作物害虫方面，蟾蜍要胜过漂亮的青蛙，蟾蜍一夜
吃掉的害虫，要比青蛙多好几倍。

蟾蜍在我国各地均有分布，从春末到秋末都可以发现它们的
踪迹。白天，蟾蜍潜伏在草丛和农作物下面，或躲在石块下、土
洞中，黄昏时才出来活动，在路旁、农田爬行觅食。所以在夏天
的傍晚，我们经常可以在路旁田间看到蟾蜍，有时还会不小心踩
到它们，被那黑乎乎的样子吓一跳。如果被人碰到，蟾蜍就会立
即装死躺着一动不动。

蟾蜍是一种药用价值很高的经济动物，全身都是宝。我国第
一部药学专著《神农本草经》就记有蟾蜍的性味、归经和主治等方
面的内容。

蟾蜍的皮肤上有很多小疙瘩，这是它们的皮脂腺。其中最大
的一对是位于头侧鼓膜上方的耳后腺。这些腺体会分泌白色毒液，
凡吃它们的动物，一口咬上，马上会产生火辣辣的灼伤感，不得
不将它们吐出来。在医药上，这些毒液就是制作蟾酥的原料。蟾
酥内含多种生物成分，有解毒、止痛的功效，可以治疗口腔炎、

咽喉炎、咽喉肿痛等疾病。近年来，人们发现蟾酥还有一定的抗癌效果，可以用来治疗皮肤癌。我国除自用以外，每年出口蟾酥超过 2 500 千克，在国际市场上占有较大比例。日本以蟾酥为原料制成了"救生丹"，德国用蟾酥制剂治疗冠心病，我国以蟾酥为原料生产的药物有梅花点舌丹、一粒牙痛丸、心宝、华蟾素注射液等。

蟾蜍除去内脏的干燥尸体为干蟾皮，中医认为它有清热解毒、利水消胀的作用，可以用来治疗小儿疳积、慢性气管炎、咽喉肿痛、痈肿疮毒等症。近年来，人们还用干蟾皮配合癌症化疗、放疗，可以减轻副作用，提高疗效。

蟾衣是蟾蜍自然蜕下的角质衣膜，是蟾蜍身上一层很薄的、几乎透明的皮肤。蟾衣可以治疗慢性肝病，对多种肿瘤也有较好的疗效。

此外，蟾蜍的头、舌、肝、胆都可以作为中药使用；有些品种的蟾蜍肉质细嫩，味道鲜美，是营养丰富的保健食材。

蟾蜍是幸福的象征。民间传说月中有蟾蜍，故把月宫唤作"蟾宫"。有诗人写道："鲛室影寒珠有泪，蟾宫风散桂飘香。"成语"蟾宫折桂"用来形容科举高中。

七、像恐龙的两栖动物——六角恐龙

你知道吗？ 在花鸟鱼虫市场，我们常常可以见到一种长着四肢，还有"六只角"的类似于鱼的一种动物。它俗称"六角恐龙"，其实是一种两栖动物，学名美西钝口螈。

六角恐龙(图 3-7)学名美西钝口螈，属于两栖纲有尾目钝口螈

科，因其用四肢爬行，而且头后的
鳃毛特别像六只角而得名。六角恐
龙体长 25 厘米左右，是一个非常
古老的物种。野生的六角恐龙目前
仅分布在墨西哥的一个湖泊中，是
一种濒危的野生动物。六角恐龙从
出生到性成熟始终保持幼体形态，

图 3-7 六角恐龙

而不是像蛙那样幼体是蝌蚪成体是蛙。在自然界，六角恐龙自然
变态成用肺呼吸的成体的概率极低。人工饲养时补充甲状腺激素
可以令其发育为成体。

一般的六角恐龙呈黑灰色，或深棕色带黑色斑点。体色可以
因为食物的不同而改变，也可以因为生活环境的不同而改变。四
肢和四足都比较短小，尾部较长，背鳍从头背部向后延伸一直到
尾端，腹鳍从后肢一直延伸到尾端。

由于六角恐龙样子可爱，体态特殊，容易饲养，人们将其作
为宠物饲养已经有 100 多年了。经过长期的人工选择，六角恐龙
出现了很多变异类型。全世界共有 30 多个品种，如拥有金色眼睛
和金色皮肤的黄金六角、拥有黄色皮肤的黄化六角、全身洁白的
白化六角等。

六角恐龙是杂食性动物，既可以吃水藻、米饭、面条等植物
性食物，也可以吃鸡肉、猪脑、鸡肝、鱼肉、蚯蚓、面包虫等动
物性食物。六角恐龙的嘴里虽然有两排细牙，却不能撕咬食物。
它们通常都是趴附在食物上，靠胃内的真空将食物吸进体内。

六角恐龙生性胆小，如果和其他动物（如鱼）混养，会惊恐不
安，鳃毛也可能被鱼吃光，影响呼吸，导致死亡。

　　六角恐龙最让人称奇的是它的再生能力。如果幼体在运输、饲养过程中由于某种原因掉了一条腿，请不要担心，用不了一个月，它就能长出和原来完全一样的新腿。随着发育，六角恐龙的再生能力会逐渐减弱，最终无法再生出四肢，但仍可再生出脚趾等结构。有科学家用六角恐龙进行眼睛等重要器官的移植实验，发现它不会发生排斥反应，实验很容易成功。因为它的这些特点，科学家常用六角恐龙做实验材料进行动物再生方面的研究。

八、珍贵的中国林蛙

　　你知道吗？蛙在我国分布广泛，在林下、小溪旁、田间地头都可以见到它们的身影。但你知道吗？我国还有一种非常珍贵的有药用价值的蛙——中国林蛙。

　　中国林蛙（图 3-8）主要分布在我国东北的黑龙江、吉林、辽宁和内蒙古东北部，在西伯利亚、朝鲜也有少量分布。它头部扁平，吻部钝圆，蹼发达。雄性体长 6 厘米左右，雌性比雄性略大。从外表上看，中国林蛙呈褐灰色，腹部有红色或深灰色花斑，雄蛙皮肤比较光滑，雌蛙皮肤粗糙，体侧、腹部两侧以及后肢背面有许多突出的小疣。

图 3-8　中国林蛙

　　中国林蛙常在湿润凉爽的林荫下生活。在春天，雄蛙和雌蛙在水流平缓温暖的浅水滩抱对产卵。卵在水中受精，很快就会发育成蝌蚪。蝌蚪以水中的植物碎屑、藻类、嫩叶等植物性食物为食。大约经过 30 天左右的发育，蝌蚪变成了蛙。成年蛙只有产卵时来到水域，其余时间在山林或灌丛进行陆地生活。盛夏时，随着气温升高，它们会逐渐向高海拔地区迁移。在陆地上，成年的中国林蛙以动物性食物为食，主要吃一些鞘翅类昆虫，也吃蜘蛛。中国林蛙堪称世界上咀嚼最快的动物，一分钟可以咀嚼 4 000 多次。

东北的冬季寒冷而漫长。到 9 月下旬，气温低于 15℃时，中国林蛙就会向山下转移，逐渐到达越冬水塘周围。当气温低于 10℃时，它们就会陆续进入水中。随着气温降低，它们逐渐集中到深水区进入冬眠状态。大约经历 150～180 天的冬眠之后，到第二年 4 月中旬水温逐渐升高的时候，中国林蛙又开始活跃起来。此时，雌蛙的生殖腺正好成熟，它们就进入下一个繁殖周期。

中国林蛙可作药用。在农历白露前后捕捉雄蛙，除去内脏之后洗净，挂起来风干即可制成药材哈士蟆。如果捉到的是雌蛙，先取出它的输卵管，经过加工可以制成珍贵药材蛤蟆油。然后像雄蛙一样除去内脏洗净风干制成药材哈士蟆。

哈士蟆有润肺养胃、滋阴补肾、补脑益智、提高免疫力的功效，是一种滋补性中药。哈士蟆在市场上供不应求，是中国重要的出口药材。

蛤蟆油其实是雌蛙的输卵管、卵巢以及一些脂状物，有解虚痨、消肿、补虚、益产妇的功效。蛤蟆油在清代是贡品，现有"长白山八大山珍""绿色软黄金"的美誉，是国家二级保护中药材。

第四章　爬行动物

爬行动物简介

　　爬行动物出现于距今 3.15 亿年以前，它们是真正的陆生动物。它们从繁殖到生活都可以摆脱水的束缚，可以适应各种不同的陆地生活环境。爬行动物也是统治陆地时间最长的动物，恐龙（图 4-1）主宰地球的中生代是地球生物进化史上最引人注目的时代。在那个时代，爬行动物不仅统治着陆地，还统治着海洋和天空，地球上迄今为止没有其他生物有过如此辉煌的历史。直到今天，爬行动物仍然活跃在除南极洲以外的广大区域，其种类仅次于鸟类而位居陆地脊椎动物第二，约有 8 000 种。

图 4-1　恐龙

　　与两栖动物相比，爬行动物有很多进化之处。例如，皮肤角质化程度加深，有的演化成覆瓦状的鳞片（图 4-2），有效防止水分过度散失。指（趾）端具角质爪，用于捕食和自卫。从呼吸器官来看，爬行动物的肺呼吸已经比较完善了，出现了

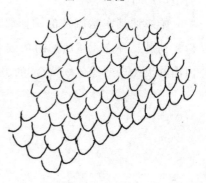

图 4-2　覆瓦状鳞片

胸廓，可以完全从陆地上获取氧气，从而离开水生活。从繁殖来看，爬行动物是最先出现羊膜卵的，羊膜卵的出现是脊椎动物进化史上的一个飞跃，完全解除了爬行动物在个体发育中对水环境的依赖，使它们能够在陆地上孵化，为动物征服陆地向各种不同的栖居地纵深分布创造了条件。

爬行动物对陆地环境的适应不如哺乳动物和鸟类先进。例如，它们运动时采用典型的爬行方式，即四肢向外侧延伸，腹部着地，匍匐前进，这种方式使四肢支撑体重的负担过重，不利于快速运动。爬行动物的心脏只有 3 个腔，动脉血和静脉血不能完全分开，所以它们的代谢能力较弱，体温会随外界的温度变化而变化，是变温动物。有些种类在严寒的冬季要冬眠，在炎热的夏季要夏眠，就是它们代谢缓慢、体温调节能力差造成的。

当然，我们不能简单地认为爬行动物各个方面都比较落后，而应该看到，现在的爬行动物也是经过漫长的地质年代进化来的，它们通过长期的演化以自己独特的方式适应了环境。例如，它们那不完善的双循环相比鸟类和哺乳动物虽然是落后的，但对它们自己的生活方式来说，已经足够了。我们知道，鳄鱼可以捕杀经过河流的羚牛和在水面低飞的小鸟，这也说明在动物界只有演化层次的高低而没有地位的贵贱。任何动物都是大自然的孩子，都有自己生存的权利和空间。

一、草丛中出没的幽灵——蛇

你知道吗？ 蛇是一类神秘的动物，来无影去无踪，人类对蛇有着恐惧、向往、怜惜等复杂的情感。远古时期，很多民族将蛇作为图腾加以崇拜。现在，人类加强了对蛇的研究和利用，逐渐认识到了蛇的习性和作用。

蛇属于爬行纲蛇亚目，四肢退化，身体细长，身体表面覆盖鳞片。蛇是真正的陆生动物，也有一些种类演化成半树栖、半水栖或水栖类型。蛇以鼠、蛙、昆虫等为食。人们一般将蛇分为毒蛇和无毒蛇。毒蛇和无毒蛇的体征大致

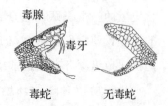

图 4-3　毒蛇和无毒蛇的头部对比

有以下区别。毒蛇的头一般是三角形的；口内有毒牙，牙根部有毒腺，能分泌毒液（图 4-3 左）；尾短，突然变细；一般有鲜艳的体色或花纹。无毒蛇头部是椭圆形的；口内无毒牙（图 4-3 右）；尾部逐渐变细；颜色单一，如黑、灰、绿等。虽然大致可以这么判别，但也有例外，不可掉以轻心。蛇的种类很多，遍布全世界，热带最多。中国境内的常见毒蛇有尖吻蝮、竹叶青蛇、眼镜蛇和金环蛇等；无毒蛇有锦蛇、蟒蛇、赤链蛇等。蛇肉可食用，蛇毒和蛇胆是珍贵药品。

蛇一般不会主动攻击人，除非它认为你对它构成了威胁。比如当你靠近那些喷毒眼镜蛇时，它会先发出"呲呲"声警告，当你近到它认为非常危险的距离时，它就会向你的脸部喷射毒液，这种毒液进入眼睛会使人暂时失明。当人们走山路时，需要手执一根木棍，以有弹性的软棍子最好，边走边往草丛中划划打打，如果草丛中有蛇，会受惊逃避，这就是"打草惊蛇"。如果要捕捉蛇，则要用专门的捕蛇工具（图 4-4）。如果没有，也可以自己找两根二分叉的木棍，在分叉端的前头用汽车里胎扎紧。发现蛇时，用一根压住蛇身，另一根压住前面一些，这样倒换，直到蛇头不能回

转，这时用手捏住蛇的七寸（颈部后一点，这是蛇心脏的部位，捏中此部位，蛇动弹不了），放进编织袋里就可以了。当然，捕蛇要经过专门训练，再用专业的工具去捕捉。绝不能知道了一点小技巧就去冒险捕蛇。否则一旦被毒蛇咬伤，后果不堪设想。

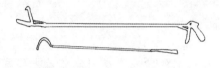

图 4-4　捕蛇工具

　　蛇主要是用口来捕食的。毒蛇的毒液有消化液的功能，一些肉食性蛇的毒液消化能力较强，能溶解被咬动物的身体，所以表现出"毒性"，无毒蛇一般是靠其上下颌着生的尖锐牙齿来咬住猎物，然后很快用身体把活的猎物绞死或压得比较细长再吞食。毒蛇靠毒牙来注射烈性毒液，毒牙有在口腔前面的，也有在后面的，毒液有从毒牙外的凹槽流下的，也有通过毒牙中的管道喷射的。毒液主要是神经毒素，会使猎物很快失去运动能力。蛇在吞食猎物时先将口张大，把动物的头部衔在口里，用牙齿卡住动物身体，然后凭借下颌骨做左右交互运动慢慢地吞下去。当一侧下颌骨向后转动时，同侧的牙齿钩着食物，便往咽部送进一步，继之另一侧下颌骨向后转动，同侧牙齿又把食物往咽部送进一步。这样，由于下颌骨的不断交互向后转动，即使是很大的食物，蛇也能吞进去。

　　喜欢偷吃蛋类的蛇，有些是先以其身体压碎蛋壳后进食。但也有些蛇，能把鸡蛋或其他更大的蛋整个吞下去，然后摔打身体使蛋壳破碎，再把蛋壳吐出来。有趣的是，游蛇科中的一类食蛋蛇，具有适应食蛋的特殊机体结构。它们颈部内的脊椎骨具有长而尖的突起，在咽内上方形成 6～8 个纵排的尖锐锯齿。食蛋蛇把蛋吞进咽部，随着咽部的吞咽动作把蛋壳锯破，并凭借颈部肌肉的张力，使蛋壳彻底破碎，同时把蛋黄、蛋白挤送到胃里，剩下不能消化的蛋壳碎片和卵膜被压成一个小圆球，从嘴里吐出。

二、蛇的"热眼"功能

你知道吗？ 猫头鹰的瞳孔在夜间能随着光线减弱而放大，使其在漆黑的夜里也能看得一清二楚。蛇视力很差，属于高度近视，而且只对移动的目标敏感，却能在夜里及时发现并准确捕获田鼠、青蛙、蜥蜴等猎物，这靠的是"热眼"。

茫茫黑夜，万籁俱寂。一只田鼠悄悄从洞口探出头来，没有发现什么危险的迹象，它两条后腿一蹬，就跳到洞外。说时迟，那时快，只见一道黑色"闪电"袭来，田鼠还没弄明白是怎么回事，就被"闪电"吞进肚子里。这"闪电"就是一条蛇。

科学家证实，蛇在黑夜能快速、准确发现猎物是因为蛇能借助眼睛与鼻子之间的颊窝进行"热定位"。蛇天然具有红外线感知能力，其舌上排列着一种类似照相机的装置，使其能"看"到散发热量的哺乳动物。而人类只有戴上特制的红外线夜视眼镜才能像蛇一样看到目标。田鼠、小鸟和青蛙等任何活的动物体都会以向外散发红外线的形式散发一定的热量。蛇依靠体内的感受器接收到这些红外线之后，就可以判断出这些动物的大小和位置。所以，人们就把蛇的红外线感受器叫作"热眼"。要验证这一点很容易，把一块烧到一定热度的铁块放到蛇的附近，蛇会马上去袭击这个铁块。实验告诉我们，蛇的"热眼"对波长为 0.01 毫米的红外线的反应最灵敏、最强烈，而田鼠等小动物身体发出的红外线的波长正好在 0.01 毫米左右，所以蛇即使是在伸手不见五指的黑夜也照样能"看"到它们。"响尾蛇"导弹等就是科学家模仿蛇的"热眼"功能，根据的红外线感知原理研制出来的现代化武器。

三、蛇没有腿，怎么能移动呢？

你知道吗？人类靠两条腿走路，马、牛、羊靠四条腿走路，我们常见的动物几乎都是靠腿走路的。但是，蛇没有腿，它是怎么移动的呢？你可能会说，它是爬行的。那你知道蛇爬行的机理吗？

蛇没有腿，依然可以快速移动。这是由于它们通过长期演化形成了特殊的移动方式。

第一种是蜿蜒移动。所有的蛇都能以这种方式向前爬行。爬行时，蛇的身体弯曲成"S"形，依靠身上的鳞片和地面产生摩擦，通过弯曲处的后边与地面之间产生的推力推动蛇体前进。如果把蛇放在光滑的玻璃上，它就无法采用这种移动方式了。当然，在蛇日常生活的野外是没有这种光滑如镜的地面的。你可能会说，到了冬天蛇来到光滑的冰面上怎么移动呢？其实，到了冬天，蛇就冬眠了，所以没有机会到冰面上去。

第二种是履带式移动。蛇有一条很长的脊骨，没有胸骨，它的脊骨和肋骨可以分别运动。蛇的蜿蜒运动靠脊骨的自由弯曲，履带式移动主要靠肋骨的前后移动。蛇的一根根肋骨就像一节节弹簧，在移动的时候，通过肋皮肌收缩使肋骨前移，肋骨之间的间隙变大，此时就像弹簧被向前拉长。这种动作导致蛇的腹鳞倾斜，就好像蛇的身下有很多脚一起站起来。接着肋皮肌放松，蛇就靠腹鳞后缘与地面产生的推力向前移动。整个过程就好像弹簧先向前舒张再向前收缩一样使身体前进。这种移动方式产生的效果是使蛇身直线向前爬行。

第三种方式是伸缩移动。蛇身前部抬起，尽力前伸，接触到树枝、木桩等支撑物体时，前部附着在上面，后部跟着缩向前去，然后再抬起身体前部向前伸，接触到支撑物体，后部再缩向前去。这样交替伸缩，蛇也能不断地向前移动。在地面爬行比较缓慢的蛇，如铅色水蛇等，在受到惊动时，蛇身会很快地连续伸缩，加快爬行的速度，给人以跳跃的感觉。

实际上，蛇在移动的时候，上面三种方式经常同时使用，这样才能尽可能快速地移动。

在人们的印象里，蛇的移动速度是很快的，所以有"蜈蚣百足，行不如蛇"的说法。其实，大多数种类的蛇，每小时只能爬行4千米左右，和人步行的速度差不多。但也有爬行较快的，身体细长的花条蛇，每小时能爬行10～15千米。爬行最快的恐怕要数非洲一种叫作黑曼巴蛇的毒蛇了，这种蛇每小时可爬行15～24千米，可是它们只能在短时间内爬得这样快，不能长时间以这种速度爬行。因此，即使遇到会追击人的毒蛇，人也是可以快速及时避开的。人们之所以觉得蛇移动得很快，那是由于蛇在发动攻击时是非常快的。在毒蛇在我们面前昂首站立准备进攻的关键时刻，一定要保持冷静，并尽快离开，不要试图制服它。

四、眼镜王蛇——世界上最危险的蛇

你知道吗？世界上最大的毒蛇是哪种？大家公认的当属眼镜

王蛇了。可是，这种蛇目前在野外已经非常稀少，濒临灭绝了，这种情况是怎么造成的？

对于眼镜蛇，最令人恐惧的莫过于其受惊发怒时的样子，其身体前部会高高立起，颈部变得宽扁，暴露出特有的眼镜样斑纹，同时，口中吞吐着又细又长、前端分叉的舌头。

眼镜王蛇(图 4-5)同样具有上述眼镜蛇的大多数特点，只是体形更大，颈部扩展时较窄而长，且无眼镜蛇的特有斑纹。但眼镜王蛇性情更凶猛，反应也极其敏捷，头颈转动灵活，排毒量大，是世界上最危险的蛇类。

图 4-5 眼镜王蛇

眼镜王蛇常栖息于山区，多见于森林边缘近水处，昼行夜伏，在我国主要分布于华南和西南地区。它的主要食物就是与之相近的同类——其他蛇类，所以在眼镜王蛇的领地，很难见到其他种类的蛇，它们要么逃之夭夭，要么成为眼镜王蛇的腹中之物。

可是这种在动物界所向无敌的剧毒蛇，却难敌人类。长期以来，眼镜王蛇被人类作为餐桌上的美味，人们将蛇皮制成工艺品，将蛇胆和蛇毒制成药物。在野外生存的眼镜王蛇一旦被人类发现，很少能逃脱被捕杀的命运。据统计，广西边境仅 1991 年眼镜王蛇的流通量就达 36 吨。现在，由于多年的人为捕杀，眼镜王蛇已处于易危状态，在野外已经很难见到踪迹了。由于目前难以人工孵化眼镜王蛇的卵，所以我们在动物园见到的眼镜王蛇都是从野外捕捉的，这些蛇一般会在一两年内死去。在这种情况下，保护眼镜王蛇的自然生态环境，减少对它的人为捕杀，是眼镜王蛇生存下去的希望。

五、善于虚张声势的动物——褶伞蜥

你知道吗? 在澳大利亚，如果你不小心进入了褶伞蜥的领地，它就会虚张声势地驱赶你。如果你不为所动，它就会自己逃之夭夭。

褶伞蜥(图 4-6)由于形态及行为奇特，具有较高的观赏价值。成年褶伞蜥的个头较大，体长 80~100 厘米。褶伞蜥颈部周围的鳞状膜皱褶很宽，被激怒时皱褶会竖起，好像头部突然扩大了好几倍，皱褶还出现黄、白、鲜红等鲜艳的色彩，同时，褶伞蜥张开大口，发出愤怒的"嘶嘶"声。这种突如其来的虚张声

图 4-6 褶伞蜥

势的行为，往往会把许多凶猛的动物都吓上一大跳，很多动物会立即逃跑。如果敌人心理素质过硬，没有被褶伞蜥的虚招吓退，它就会选择自己逃跑，依靠后肢迅速逃离，由尾巴起平衡作用。

与所有爬行动物一样，褶伞蜥属于卵生动物。由于是变温动物，需要接收阳光热量，它们喜欢在白天出来活动。在繁殖季节，雌性把卵产在树丛或树洞中，每次产 10~13 枚卵，幼体在一个半月后破卵而出。褶伞蜥主要以昆虫为食，偶尔也会猎食小型哺乳动物或小蜥蜴。褶伞蜥平时在树上活动，生性胆小多疑，遭受攻

击时会逃回到树上；在平地上奔跑时会将前半部分身体悬空，只以后肢快速奔跑，看起来和人踩单车一样，所以褶伞蜥还有一个昵称叫单车蜥。

六、善于伏击和吞食的动物——鳄鱼

你知道吗？ 鳄鱼的牙齿非常锋利，在脱落之后还能重新长出，所以它们在捕食猎物的时候不用担心牙齿脱落的问题。鳄鱼吃食物的时候不是嚼碎了再咽下去，而是整块吞下，靠胃里强大的胃酸将食物消化掉。

鳄鱼(图 4-7)家族在地球上已经生活了 2 亿多年了。随着地球环境的变迁，现存的鳄鱼只有 20 余种。它们披着一身结实的铠甲，拥有一张令人生畏的血盆大口，长相狰狞，性情凶悍，是无情的冷血杀手。世界上最大的鳄鱼为湾鳄，成年个体身长超过 6 米，体重超过 1 吨。鳄鱼不属于鱼类，属脊椎动物爬行纲，入水能游，登陆能爬，体胖力大，被称为"爬行类之王"。

图 4-7 鳄鱼

鳄鱼的眼睛突出在头的上部，可以在水下看到水面上的物体。鳄鱼还有惊人的听觉和敏锐的嗅觉。这都可以让它们精确地判断来到眼前的是不是自己要捕食的猎物。成年鳄鱼经常潜伏在水下，只有眼睛露出水面，就这样静静地等待猎物的到来。虽然鳄鱼用肺呼吸，但它们可以在水下潜伏一两小时才呼吸一次，所以隐蔽性极好。它们是真正的伏击高手，当猎物到达攻击范围内会突然冲出去捕食猎物。

鳄鱼虽然长有看似尖锐锋利的牙齿，但却是槽生齿，这种牙齿脱落下来后能够很快重新长出，但不能撕咬和咀嚼食物。鳄鱼那坚固的双颌能像钳子一样把食物"夹住"然后囫囵吞下。所以遇到较大的陆生动物时，鳄鱼不能把它们咬死，而是把它们拖入水中淹死，或与其他同类合作，每条鳄鱼咬住一大口肉进行旋转，将肉拧下来吞掉；相反，当鳄鱼捕捉到较大的水生动物时，就会把它们抛上岸，使猎物因缺氧而死。当遇到大块食物不能吞咽的时候，鳄鱼往往用大嘴"夹"着食物在石头或树干上猛烈摔打，直到摔软或摔碎后再张口吞下；如果还不行，鳄鱼干脆把猎物丢在一旁，任其自然腐烂，等烂到可以吞食了，再吞下去。正因为鳄鱼的牙齿不能嚼碎食物，所以"上帝"让它长了一个特殊的胃。这个胃的胃酸多而酸度高，使鳄鱼的消化功能特别好。此外，鳄鱼也和鸡一样，经常吃些砂石，利用它们在胃里帮助磨碎食物促进消化。

雌性鳄鱼会在近水处产卵，每次产卵20~90枚。经过2~3个月的孵化，小鳄鱼就会破壳而出。它们自出生后就开始自己寻找食物，独自谋生。

七、砂巨蜥的繁殖策略

你知道吗？目前地球上的动物当中，外观最接近恐龙的动物是谁？应该就是巨蜥了。巨蜥是一类古老的动物，它们的身体结构和恐龙相比，变化很小。它们身体强壮，性格凶猛，我们可以从它们身上看到古代肉食性恐龙的影子。

在澳大利亚的稀树草原上，生活着一种砂巨蜥。砂巨蜥体长可达 1.4 米，力气特别大也特别凶猛。砂巨蜥食性很广，可以猎杀小型哺乳动物，也捕杀各种无脊椎动物、鸟类、两栖类、蛇类和其他蜥蜴，甚至腐肉和各种动物的卵也照单全收。它的牙齿如剃刀般锋利，可以轻易撕裂猎物。砂巨蜥身体强壮且行动迅速，尾部极为结实，尾端四分之一为黄色，在奔跑时尾巴能完全抬离地面。

砂巨蜥栖息于荒漠及干燥的稀树草原地区，前爪非常灵活而且锋利，可以轻易地挖开坚硬的地面，所以特别擅长挖洞，常在岩石、灌木或落木下筑巢，但有时也强占其他动物的洞穴。在繁殖期间，雌、雄砂巨蜥会同住在一个洞穴中，并在未来几天内持续交配。雌性会将卵产在白蚁穴中，每次 10～17 枚。令人称奇的是，砂巨蜥虽然自己会挖洞，却不会将卵产在自己挖的洞穴里。因为砂巨蜥的卵需要在一个温度、湿度适宜的环境中孵化 10 个月之久。如果由砂巨蜥妈妈亲自孵卵，工作量实在太大，在竞争激烈的野外这样消耗体力是十分危险的。而在干旱少雨、复杂多变的草原上，这样恒温、恒湿的环境又极难找到。好在砂巨蜥妈妈有办法，它会找一个极佳的孵卵室——白蚁窝。在广袤的稀树草原上，到处都是像坟冢一样的白蚁窝。一个巨大的白蚁窝可以高达 2 米，里面的环境在白蚁的辛勤维护下，温度、湿度都几乎是恒定的，外面还有白蚁搬来的黄泥保护，非常坚固，是理想的孵化环境。于是，砂巨蜥妈妈只需用它那尖利的爪扒开蚁穴，再将生殖孔对准蚁穴，产下 10 多枚卵，就可以起身离开了。所有的善后工作都由白蚁来完成。

白蚁虽然善于啃咬，但它们对光滑而坚硬的砂巨蜥卵无可奈何。白蚁虽然每天来回忙碌，也每天清扫卵上的灰尘和霉菌，却从不想着去吃掉这些卵，就好像把这些卵当成自己屋里的家具一样倍加爱护。至于被砂巨蜥妈妈破坏的蚁穴，用不了一天工夫就会被成千上万的白蚁修复一新，两天以后就会被太阳晒得坚硬如铁，其他飞禽走兽要想破坏蚁穴拿走砂巨蜥的卵，实在是太困难了。

经过漫长的 10 个月，小砂巨蜥从卵里孵化出来了。它们开始在蚁穴里四处活动，试图钻出这个摇篮，但坚固的蚁穴让它们屡战屡败。小砂巨蜥胃里残留的卵黄只能为它们提供一周时间的营养，如果一周以后还不能钻出蚁穴，它们就会死在这里。

就在这时，机会来了，一只砂巨蜥向蚁穴爬来。如果它是小砂巨蜥的妈妈，小砂巨蜥就得救了；如果它不是，那小砂巨蜥就有被吃掉的可能。不管结果怎样，这只成年砂巨蜥开始用它那尖利的爪扒开蚁穴，小砂巨蜥看到光亮，纷纷从出口爬了出来。如果它们没有被这只砂巨蜥吃掉，就完成了生存成功的第一步。

至于成年砂巨蜥是怎么知道蚁穴里有小砂巨蜥，为什么去扒开蚁穴，以使小砂巨蜥获得新生，其中的生物学机制目前还不甚明了。有学者认为应该是小砂巨蜥破壳后释放出来的体味等气息向成年砂巨蜥传递了化学信息，使其产生了扒开蚁穴的行为。

八、寓意吉祥的动物——龟

你知道吗？ 在中国，龟是一种神秘而蕴藏着丰富文化内涵的动物。古人曾将龟作为崇拜的图腾和占卜用的灵物。自有文字以来，龟的形象经常出现在石刻、青铜器、陶器、竹帛、纸等众多文化载体上。古人将龟与龙、凤、麟并称为"四灵"。《礼统》中记载，龟"上圆法天，下方法地，背上有盘法丘山，玄文交错，以成列宿"，将龟看成是缩小了的天地，甚至是缩小了的宇宙。

　　龟(图 4-8)在中国被视为长寿之物。《淮南子》说："龟之千岁。"《论衡》说："龟生三百岁大如钱，游于莲叶之上。三千岁青边缘，巨尺二寸。"任昉《述异记》说："龟千年生毛，龟寿五千年谓之神龟，万年曰灵龟。"实际上，龟的寿命虽然不像

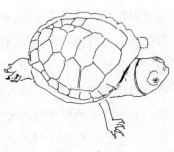

图 4-8　龟

古人说的那样长久，但它们确实是动物界中的长寿明星了。龟一般可活数十年，也有记载一种陆龟的寿命超过 150 年。古人由于崇拜龟，故喜欢以"龟"字命名，如唐代诗人陆龟蒙、音乐家李龟年等。文人雅士也有以"龟"字命名书斋的，如著名诗人陆游将其书斋命名为"龟堂"。

　　崇龟民俗到明代开始发生了转变。原先象征祥瑞、长寿、神灵的龟，变得含有贬义，成为人们口诛笔伐的对象。到今天，龟集美好祝愿与骂人秽语于一身：人们喜爱龟，把龟作为长寿的象征；人们又厌恶龟，不喜欢龟遇到问题时缩头缩尾的样子。

　　龟是与恐龙同时代的古老的爬行动物，在 1.5 亿年前繁盛一时。人们对龟好奇，主要是由于龟有奇特的外形。龟性格温顺而保守，将躯干包藏于骨质甲壳内，平时探头探脑地观察外界环境，每一步行动都小心翼翼，(大部分种类)稍有危险就赶紧将头缩回。

　　龟是变温动物，所以对环境温度的变化反应灵敏。它们的摄食、活动等均受环境温度的影响。龟新陈代谢产热有限，又缺乏

保留代谢产热的控制机制，为了克服这一缺陷，龟依靠寻找凉或热的地方来控制每天的体温波动。饲养龟的人工小环境温度与其自然栖息地环境温度相一致，才能保证龟的健康。一般，热带龟适宜温度是 27～38℃，温带龟 20～35℃，半水生海龟适宜的环境温度稍低。当温度降低到 10℃左右时，龟便开始进入冬眠状态；温度上升到 15℃左右，龟便开始活动，有的龟就能开始进食。龟之所以喜欢晒太阳，是因为龟是变温动物，需要热量来提高体温，还需要阳光中的紫外线消灭甲壳上的有害微生物。

按生活环境的不同，龟分为陆栖龟、水栖龟、半水栖龟、海栖龟、底栖龟。不同种类的龟适应不同的生活环境，其外部形态也有很大差别。例如，水栖种类的龟趾和指间具有像鸭掌一样的蹼，以适应水生生活；而陆栖龟的四肢特别粗壮，适于在陆地上爬行；海栖龟的四肢像船桨一样适于划水，海栖龟还有一对盐腺，可以将体内多余的盐分泌出来。根据食性，龟分为肉食性龟、植食性龟、杂食性龟。水栖种类一般为杂食性，如乌龟、黄喉拟水龟等。半水栖种类多数为肉食性，如平胸龟、三线闭壳龟、金头闭壳龟，但黄缘盒龟、黄额盒龟是杂食性的。陆栖种类多为植食性，如缅甸陆龟、四爪陆龟等。

龟都是卵生的，一般在每年的夏秋季节繁殖。雌龟在陆地上温暖潮湿的地方挖一个像锅一样的坑产卵，然后用沙土覆盖即离去。卵依靠阳光提供的热量和沙土提供的适宜湿度环境孵化。

九、出色的伪装高手——变色龙

你知道吗？ 我们常常把虚伪逢迎、见风使舵、趋炎附势的人称作变色龙。在自然界里，有一类动物通过不断变换体色逃避敌害或捕猎，它们才是真正的变色龙。

变色龙（图 4-9）学名避役，俗称变色龙。世界上大约有 160 种变色龙，其中 59 种是非洲的马达加斯加岛特有的。变色龙体长一般在 20 厘米左右，最长的种类可达 60 厘米，是非常奇特的爬行动物。

图 4-9 变色龙（任维鹏绘）

变色龙的身体呈侧扁的长条形，背部有隆起的脊椎，头的枕部有钝三角形突起。最奇特的是它们的眼睛。它们的眼睛向外突出，两只眼睛可以分别独立地转动。也就是说，它们可以右眼往前看，同时左眼往后看。在动物界，只有变色龙有这种独特的眼睛，这可以让它们在保持身体不动的情况下看清上下左右的一切。

变色龙非常适于树栖攀缘生活。它们的四肢很长，前指和后趾都分别合并成两组以便于抓握树枝。前肢前三指合并为内组，后两指合并为外组。后肢只有三趾，一、二趾合并为内组，奇特的第三趾为外组。这种拥有特殊结构的脚使变色龙在树上行走时不会发出一点声音，能让它们在猎物毫无察觉的情况下进行偷袭。

变色龙的变色活动非常复杂，可以向其他个体传递一定的信息。在捕猎的时候，变色龙会让自己的体色尽可能地与环境色彩相似，不让猎物发现自己的身影。在求偶时，雄性变色龙会变成雌性青睐的漂亮体色以讨好对方，如果雌性变色龙打算拒绝，会将体色变得灰暗并显现出闪动的红色斑点。在另一只雄性变色龙侵犯自己的领地的时候，雄性变色龙会将灰暗的保护色变成明亮的颜色，警告对方让它快点离开这里。遇到敌害的时候，变色龙会将低调的绿色变成骇人的红色威吓敌人。

科学研究表明，变色龙能随心所欲地变换体色与它们独特的皮肤构造有关。变色龙皮肤里有三层色素细胞。最深一层调控黑色，中间一层调控蓝色，最外一层调控黄色、红色。在神经系统的调节下，色素可以在各层色素细胞之间交融变换，使体色呈现多种多样的变化。

变色龙只吃活物。它们潜伏在树枝上等候猎物到来，整个身体纹丝不动，只有两只眼睛间或转动一下搜寻猎物。为了与环境融为一体，它们可以随着环境色彩的变化而不断变换体色。当有猎物出现的时候，它们会慢慢地抬起一只脚，向前移动一点，用脚趾牢牢地握紧树枝，接着再慢慢地抬起第二只脚，再向前移动一点，握紧树枝，这样慢慢地靠近猎物而不被猎物发现。当进入进攻范围时，它们不是像其他猎手那样一跃而起扑倒对方，而是以迅雷不及掩耳之势弹出舌头，靠舌头上的吸盘将猎物粘住，再依靠舌头的力量将猎物拖进嘴里。它们的舌头高度适应这种捕猎方式，特别长，一条长22厘米的变色龙，可以用舌头粘住30厘米远处的苍蝇。经解剖研究，科学家发现，变色龙的舌头前端有一个圆锥形的小凹陷，这就是它们的吸盘。当舌头接触到猎物的时候，吸盘的内腔立即变大，利用形成的真空将猎物吸进吸盘腔里。吸盘两侧还有两个手指一样的突起，在吸盘吸住猎物的同时能将猎物牢牢按住。

十、恐龙是怎样灭绝的？

你知道吗？ 自从发现了恐龙化石，人们就对这类古代动物的灭绝问题非常关注。然而，多年的研究并没有给出一个确切的答案，至今对恐龙的灭绝原因仍旧是众说纷纭。

小行星撞击地球

这个学说是在20世纪70年代由美国科学家路易斯·阿尔瓦雷茨父子提出的。他们认为，在6 500万年前一颗直径几千米的小行星偏离了自己原来运行的轨道，猛烈地撞击到地球上。小行星巨大的质量加上极快的运行速度，使撞击产生了相当于几万个原子弹同时爆炸的能量。爆炸产生的烟尘笼罩了整个地球，使地球上一片灰暗。这种阴冷的天气持续了一两年。寒冷和黑暗使植物的光合作用中断了，大量的绿色植物枯萎、死亡。以植物为食的植食性恐龙很快灭绝，随后以植食性恐龙为食的肉食性恐龙也由于失去了食物而相继灭绝了。

支持这一假说的证据是在墨西哥尤卡坦半岛发现的巨大的陨石坑。据测算，造成这个陨石坑的小行星直径在10千米左右，这样大的小行星撞在地球上引发的灾难，是足以让地球生物毁灭的。

此外，科学家在6 500万年前的地层中发现了一种氨基酸。这种氨基酸含有大量的铱元素，而铱元素大量地存在于某些天体里，在地球上根本不应该存在。这层富含铱元素的地层在北美洲、欧洲和澳大利亚的许多地区被先后发现，在我国西藏的岗巴地区也发现了这种含铱地层。含铱地层的发现表明，确实存在小行星撞击地球的事件，这一事件可能就是导致恐龙灭绝的原因。

有的科学家认为，这次小行星撞击地球使所有恐龙都灭绝了。但是也有一些科学家认为，只有70%的恐龙在当时灭绝，其他的一些恐龙种类则勉强地躲过了劫难，可是在随后的几百万年里又逐渐灭绝了。后一种说法并不是没有道理，因为在6 500万年前的大灭绝事件以后形成的地层里，仍有一些恐龙骨骼被发现。例如，美国新墨西哥州 6 000 万年前上下的地层中就曾经发现了恐龙的残骸。在阿拉斯加新生代的冻土层里，也发现过三角龙的化石。这些证据表明，在这次小行星撞击地球引起的大爆炸以后，仍然有一些恐龙挣扎着生活了几百万年的时间，最后才因为不适应新的气候条件而最终相继灭绝。

气候变化导致繁殖受挫

那么，导致恐龙繁殖受挫的原因是什么？根据深海地质钻探得到的资料，一些科学家认为在 6 500 万年前的晚白垩纪时期，由于地球表面的二氧化碳减少，氧气增多，地球的气温下降。这种变化使依靠环境温度维持体温的变温动物成为不适应环境的类型，温度降低导致恐龙的内分泌系统紊乱，尤其是造成雄性个体的生殖系统遭到损坏。结果，恐龙因无法繁殖后代而走向了最终的灭绝。

气候变化造成恐龙灭绝的原因还可能是影响了恐龙蛋的发育。一些科学家认为，在恐龙灭绝之前的白垩纪末期，恐龙蛋的蛋壳有变薄的趋势，有一些蛋壳薄得不到 1 毫米，尤其是晚白垩世晚期薄壳蛋更是多见。这样的薄壳蛋在孵化过程中容易感染病菌，也容易因为种种外因而破裂，使恐龙的后代数量减少。

除了蛋壳变薄，科学家还发现恐龙蛋的构造也出现了异常。他们通过对恐龙蛋化石的 CT 扫描发现，越接近灭绝时期，恐龙蛋里的气室越小，有的甚至观察不到气室。气室小，就不能提供胚胎孵化所需的氧气。没有气室，说明这些蛋产下不久就停止了孵化过程。科学家推测，应该是由于气候变冷而导致恐龙的摄食活动和身体结构出现了变化，最终导致恐龙蛋的构造出现了上述异常。

由于恐龙蛋的孵化不是依靠母亲的体温，而是由母亲选择一个适宜的地方产卵，靠外界环境的温度使卵孵化，在这种情况下，本来孵化的风险就非常高，如果卵的品质出现了问题，孵化成功的概率就会进一步降低。

此外，由于恐龙蛋的孵化要依靠环境提供适宜的温度，所以地球气温降低也使得恐龙蛋的孵化变得困难起来。即使恐龙蛋的品质没有出现问题，环境中没有了适宜的温度，孵化率也会降低。

所有上述现象均表明，晚白垩世晚期的气候变化最终造成了恐龙繁殖受挫。所以有科学家认为，繁殖受挫很可能是恐龙灭绝的根本原因。而另一些类群，如新兴的哺乳类和鸟类由于具有高而恒定的体温，对环境的依赖性大大降低，逐渐繁盛起来。

彗星撞击论

这个关于恐龙灭绝原因的假说认为，造成白垩纪末期恐龙大灭绝的凶手不是小行星而是彗星。一些科学家认为，太阳有一颗围绕着它旋转的伴星，每隔2 600万年到3 000万年，这颗伴星就会转到离某些大型的彗星很近的位置。这些巨大的彗星受到这颗伴星引力的干扰就会在太阳系内产生几万次的彗星风暴，其中的一些彗星风暴袭击了地球。因此，地球每隔2 600万年到3 000万年就会遭到一次洗劫，地球上的生物也就每隔2 600万年到3 000万年发生一次大的灭绝事件，恐龙的灭绝不过是这种周期性灭绝中的一次而已。

免疫缺陷

由于恐龙这样的爬行动物没有像哺乳类和鸟类那样完善的免疫系统，在气温变化剧烈、自身抵抗力下降的情况下，各种疾病也就纷至沓来，使它们纷纷病饿而死。

虽然目前人们对恐龙的免疫系统的认识还处于推测阶段，但是通过比较解剖学的方法，我们可以发现一些证据。龟、蜥蜴等现代动物体内没有完善的淋巴管道，也没有淋巴结，仅有的胸腺这一免疫器官也发育得不好，一般没有皮质和髓质的明显分化。据此推测，与龟、蜥蜴共同属于爬行类的恐龙的免疫系统也很不完善。与之对比，鸟类的胸腺组织虽然也分化不明显，但鸟类的其他免疫器官却远比爬行类发达。

从具体执行免疫功能的细胞——免疫细胞来看，爬行类体液中的抗体种类也比较单一，在应付千差万别的各种病原微生物的特异性免疫方面效果不佳。另外，爬行动物的变温性质也限制了免疫细胞的增殖速度，因此它们很难适应不同病菌的侵袭。现代生存的变温脊椎动物主要靠天然防御系统去非特异性地抵抗病原微生物的侵袭，并在某些方面功能有所加强。例如，鲨鱼有角鲨胺，蛙有麦格宁等高效防御肽，鳄鱼的胃液中有强大的胃酸，可以破坏细菌结构，从而弥补免疫系统的缺陷，保证种族的顺利延续。但是这些强化因素依然无法与哺乳动物体内完善的特异性免疫系统相媲美。

所以，一方面，气候变冷导致恐龙的代谢和活动减弱，另一方面，恐龙的免疫系统非常不完善，再加上气候变化导致病原微生物产生了很多变异，使得恐龙落后的免疫系统无法战胜新出现的烈性传染病，最终导致了恐龙灭绝。

大规模海底火山爆发

也有学者认为，造成恐龙灭绝的原因很可能是大规模的海底火山爆发。

研究表明，在白垩纪晚期，海底发生了很多次大规模的火山爆发。火山爆发产生的大量热量不仅改变了海水的温度，也使陆地气候发生了剧烈的变化，从而威胁到恐龙等生物的生存。

过去，科学家对海底火山爆发的认识比较少。经过多年深入的研究，他们对海底火山爆发有了比较全面的认识。研究表明，6 500万年前的格陵兰岛，气候温暖湿润，生长着茂密的森林，火山爆发导致海洋温度发生了巨大变化，寒冷的洋流改变流向后经过了格陵兰岛，把这个岛屿变成了冰天雪地的世界。所以，恐龙灭绝也可能是大规模海底火山爆发导致的。

十一、复制恐龙不是梦

你知道吗？在电影里，人工复制的恐龙泛滥成灾。那么，如果我们真要复制恐龙，应该从哪里入手呢？本文也许会给你一点提示。

自古以来，人类就有各种各样的奇思妙想。随着科学技术的不断进步，很多人们原来认为绝对不可能实现的事情逐渐成为现实，人们对未来的期望值也越来越高了。

在规模宏大的"恐龙公园"里，在形态逼真的恐龙模型面前，很多人都会产生这样的想法：能用现代的生物技术让这些史前动物复活吗？如果能让恐龙重现自然，在动物园里就能亲眼看到这些古老生物的风采，该是多么令人向往啊！

很多科学家认为，至少从理论上来说，采用现代科技手段，可以无性繁殖出恐龙或其他已绝迹的动物。那么，具体应该怎样去复制恐龙呢？

先要获得恐龙的基因。最大的难题是现在没有恐龙遗体，实验室里没有恐龙的 DNA 样本，也没有人知道恐龙的 DNA 是什么样的。现在，人们想到的关于这些史前动物的遗传信息的获取途径有两个：恐龙蛋和骨骼化石。最有可能从中获得遗传信息的材料是恐龙蛋。但 6 500 万年过去了，恐龙蛋的内部物质早已变成了石头，要提取基因几乎是不可能的。可事情又不那么绝对，成千上万的恐龙蛋中总会有个别的残留了一些基因。有研究者称能够从恐龙蛋里提取到基因片段，这就给复制恐龙带来了希望。1995年 3 月 14 日北京大学生命科学学院宣布，他们成功地从一枚特殊的恐龙蛋化石中获得了恐龙基因片段。但有人认为，得出这一结论是由于在实验过程中样本受到了外源性 DNA 污染。这次从恐龙蛋化石中提取 DNA 的实验给人们带来的启发和震动是非常大的。美国古生物学家玛丽·施魏策尔宣称，她已经成功从距今 7 000 万年前的霸王龙腿骨化石中分离出仍旧透明且具有韧性的软组织。施魏策尔表示，如果能从这些物质中提取到蛋白质，科学家可能会获知恐龙生命活动的一些细节。她同时表示，能否从这些组织中提取到这种古老生物的 DNA 还是个未知数。虽然时至今日仍然

没有人能够从恐龙的化石中提取到 DNA，但这不代表以后也不能。其实，在古代岩石中找到处于休眠状态的真正的恐龙 DNA 是非常有可能的。例如，在琥珀(图 4-10)中被保存的吸有恐龙血的蚊子等昆虫的体内就可能有恐龙的血细胞。这些血细胞中可能含有复制恐龙所需要的遗传物质——DNA。

图 4-10 琥珀

在获得了恐龙的完整 DNA 之后，就可以把这些 DNA 移植到

它们的现代近亲鳄鱼的未受精的卵细胞内。这种含有恐龙 DNA 的卵细胞在雌性鳄鱼体内发育，卵细胞的周围再长出坚硬的卵壳。鳄鱼产下这种卵，再通过人工孵化，新生的"人造恐龙"就会降临大地。如果这一实验能成功的话，人类就有机会亲眼看到这一史前动物的真面貌了。

第五章　鸟　类

鸟类简介

全世界现存鸟类约有 156 科，9 000 余种，我国有 81 科 1 180 余种，约占世界鸟类总数的 13％。鸟类与人类关系密切。有的鸟被驯化成了家禽，如鸡、鸭、鹅；有的鸟成了人类的宠物，如鹦鹉（图 5-1）、八哥（图 5-2）；有的鸟能消灭农林害虫，如杜鹃（图 5-3）、乌鸦（图 5-4）。在生态系统中，鸟也是食物链中重要的一环，对维持生态平衡起着重要的作用。

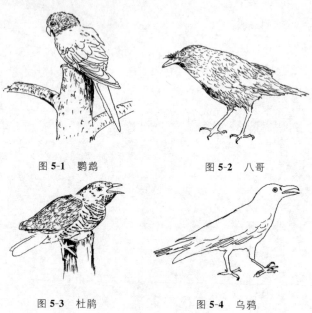

图 5-1　鹦鹉　　　　　　图 5-2　八哥

图 5-3　杜鹃　　　　　　图 5-4　乌鸦

虽然鸟的种类不是特别多，数量也不是特别大，但在人们眼前出现的频率却远远超过其他动物，这主要得益于它们有一双有力的翅膀。由于具有翅膀，大多数鸟类具有极强的飞翔本领，这样在遇到危险时，能够及时飞逃。大多数鸟类在白天活动，而且范围多变，它们不仅能在地上活泼地跳跃和行走，在天空中展翅飞翔，在树丛中翻飞自如，而且有些鸟类能在水面上漂浮，或在芦苇丛间钻来钻去。

鸟类是真正善于飞翔的动物，是天空的霸主，这得益于它们独特的身体结构。首先，鸟类的身体结构特别适于飞翔：前肢不是用来行走，而是演化成飞翔的翅膀；具有由皮肤特化而来的羽毛，羽毛质地轻盈，光滑坚韧，增大了翅膀的面积，拥有一身羽衣是鸟类成功飞翔的一个基本保障。其次，它们的骨骼大部分是中空的，可以减轻体重；外形呈流线型，可以减少飞行时的空气阻力；胸部肌肉特别发达，能有力地扇动翅膀；扁平的尾部像舵一样，能控制飞行的方向。

鸟类的心脏分为四腔，是完全的双循环，动脉血和静脉血完全分开，这些进化特征大大提高了鸟类的新陈代谢水平，可以满足飞行生活所需的大量能量。高代谢的同时也产生了大量的热量，加上羽毛有良好的保温功能，这使鸟类拥有高而恒定的体温，一般为 $37.0\sim44.6℃$。体温恒定使鸟类减少了对外界环境的依赖，扩展了生存的空间，从南极到北极，都有鸟类分布。

鸟类学是研究鸟类的科学。一般可分为两大类，一类是以学科研究为主的基础鸟类学，主要是研究鸟类的形态、分类、解剖、生理、行为、发生、进化、生态、分布等的科学；另一类是以应用专题为主的应用鸟类学，主要是研究鸟类和人类经济活动的关系等的科学。对鸟类资源的考察、开发、利用，对野生经济鸟类的驯化、繁殖，建立鸟类保护区和禁猎区，对农林益鸟的保护、招引，以及对一般害鸟的驱除、防治等，都是鸟类学所研究和阐明的重要内容。我国研究鸟类的历史悠久，在古书《尔雅》《尚书》《本草纲目》和《古今图书集成》中，均有关于鸟类的记述。

一、关于鸟类的几个问题

你知道吗？ 自古以来，人们对那些在天空自由翱翔的鸟类就充满了好奇和向往。人类从很早以前就开始研究和利用鸟类。下面就回答几个关于鸟类的问题。

鸟类怎样消化食物？

众所周知，鸟类是没有牙齿的，所以它们都是把食物整块地吞进嗉囊里。食物在嗉囊里主要是储存，也可以通过浸泡软化。前胃壁内富含腺体，可分泌黏液和消化液。鸟类是通过肌壁十分发达的砂囊磨碎食物的，它们将一些砂粒装进砂囊里，然后通

图 5-5　鸟的消化系统

过肌肉的收缩将吃下的食物磨碎。我们平时吃的鸡肫就是鸡的砂囊。食物经砂囊磨碎后，再经过肠道的消化吸收，鸟类才能将其中的营养转变成自身物质。鸟的消化系统见图 5-5。

鸟类有乳汁吗？

我们都知道哺乳动物通过乳汁哺育后代。你可能不知道的是，有些鸟类也能分泌"乳汁"来喂养自己的后代。斑鸠就是这样的鸟

类。斑鸠的"乳汁"不是由乳腺而是由嗉囊内壁分泌的。这种"乳汁"与潮湿的谷物混合起来，成为斑鸠饲喂幼鸟的食物。更令人称奇的是，斑鸠不论雌雄都能产生"乳汁"，因而父母双亲都能承担哺育雏鸟的职责。同哺乳动物一样，斑鸠的"乳汁"分泌也是受脑垂体前叶激素（催乳激素）控制的。

鸟类的"婚姻"

在鸟类家族中，家庭和睦、夫妻恩爱的情况并不多见。一般来讲鸟类的夫妻关系并不十分紧密，甚至是断断续续的。只有当它们考虑生儿育女问题的时候才会生活在一起。人们常见的候鸟在冬季宿营的时候，雄鸟与雌鸟从来就不同床共枕，在漫长的迁徙飞行中，它们也是各飞各的，只有到了巢区繁殖时才会凑到一起生活。

鸳鸯（图 5-6）在书画作品里常常作为爱情的象征而出现，在文学作品里也大量地被描写，主要是因为人们看到的鸳鸯总是成双成对的，其实它们的婚姻也不像人们描写的那样总是比翼齐飞、白头偕老。当其中一只生病死亡后，另一只会很快另觅新欢。

图 5-6　鸳鸯

为树木播种的鸟类

松雀（图 5-7）、太平鸟、鸫（图 5-8）等鸟类都爱吃浆果，它们的消化系统将营养丰富的果肉消化吸收了，种子却完好如初。这些种子随着鸟粪排泄出来，落地生根发芽。由于鸟类不断地移动飞翔，花楸、稠李、鼠李、酸樱桃等树木的种子也被带到更加广大的区域。

图 5-7　松雀

图 5-8　鸫

二、世界上最小的鸟——蜂鸟

你知道吗？ 蜂鸟是世界上最小的鸟类，"以其微末博得盛誉"。最小的蜂鸟身体长度不过 5 厘米，体重仅 2 克左右，主要分布在美洲的森林地带。

蜂鸟(图 5-9)因飞行采蜜时能发出"嗡嗡"的响声而得名。蜂鸟种类繁多，有 300 多种，羽毛也有黑、绿、黄等十几种颜色，十分鲜艳，有"神鸟""彗星""森林女神"和"花冠"等称呼。

蜂鸟是世界上振翅最快的鸟类，每秒甚至可达 80 次。蜂鸟飞行的速度很快，速度可达 50 千米/时，高度有四五千米。人们往往只听到它们的声音，看不清身影。

图 5-9　蜂鸟

另外，蜂鸟的新陈代谢速率极高，大约相当于人的 50 倍。成年人的心脏每分钟平均跳动 75 次，一般鸟类的心脏每分钟可以跳动 300 次，而蜂鸟的心脏每分钟可以跳动 500 次！这是由于蜂鸟不停地在空中飞行，吸食花蜜的时候还要在空中定位悬停，需要消耗大量的能量。动物学里还有一个规律，即个体越小，相对散热面积越大。由于蜂鸟是世界上个体最小的鸟，因而成了鸟类中散热最快、新陈代谢最强的种类。因此，食物对蜂鸟来说是至关重要的。蜂鸟以吃花蜜和小昆虫为生，食量大得惊人，每天要吃进相当于它们体重 2 倍的食物。过去，人们一直认为，蜂鸟的代谢如此活跃，当食物缺乏时，它们一定会迁徙到食物丰富的地区去。20 世纪 50 年代初期，鸟类学家在安第斯山脉的一个岩洞里发现，一种蜂鸟在缺乏食物的季节里会休眠。休眠时，它的体温从 38℃ 降到 14℃，以减少不必要的能量消耗。即使在食物充足的季节里，这种蜂鸟白天活跃在花丛中采食，到了夜晚体温同样会降到 14℃，以减少不必要的能量消耗。这一绝妙的适应能力，在鸟类中是独一无二的。

蜂鸟在树枝上造窝，鸟窝造型别致、做工精细，是用丝状物编织而成的，看上去就像悬挂在树枝上的一只精巧的小酒杯。雌性蜂鸟每次产卵 1～2 枚，每枚仅重 0.5 克，大约有豌豆那么大。鸟卵孵化期为 14～19 天。小蜂鸟出生约 20 天后，就能飞出巢穴觅食，开始独立的野外生活。大部分专家认为蜂鸟的寿命只有 3～4 年，也有观察者发现野外的蜂鸟可以活到 7 年。人工饲养的蜂鸟寿命更长一些，可以达到 12 年。

现在由于人为捕杀，环境污染加剧，再加上森林面积逐年减少，蜂鸟的数量也在逐年减少，这种微小的鸟类也存在着灭绝的危险。

像蜂鸟这样以花蜜为食的动物还有很多。南美洲安第斯山脉区域有数十种蝙蝠以花蜜为食。长舌蝠（图 5-10）是其中的一个典

型代表。它的舌长为体长的 1.5 倍。只有这种蝙蝠能从长筒花狭
长的花冠筒底部取食花蜜，是这种植物的唯一传粉者。这是长舌
蝠与长筒花相互适应、共同进化的结果。由于它们之间存在密切
的互利互惠关系，如果长舌蝠灭绝，长筒花将因无法传粉而随之
灭绝。

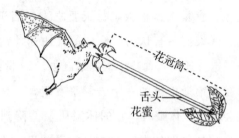

花冠筒

舌头
花蜜

图 5-10　长舌蝠

在我国境内没有蜂鸟，但有一些蛾类常常被误认为是蜂鸟。
有一种蛾的名字叫长喙天蛾。它靠快速振翅在空中悬停，能将长
长的口器伸进花心中吸食花蜜，这一点很像蜂鸟。其实长喙天蛾
属于鳞翅目昆虫，而蜂鸟是鸟类，属于高等动物。

三、神奇的织布鸟

你知道吗？ 在远古时代，古人不会织布，在夏季用树叶遮羞，
在严寒的冬季裹着兽皮抵御寒冷。织布鸟通过长期的进化掌握了
精湛的"织布"技艺，它们营造巢穴的本领达到了令人惊叹的程度。

织布鸟（图 5-11）属雀形目织布鸟科织布鸟属，共 57 种，常分
为假面织布鸟、金色织布鸟等类群。它们像麻雀一样大小，主要
活动于农田附近的灌丛中，营集群生活，常结成数十以至数百只

的大群。织布鸟生性活泼，白天时不停地行
走跳跃。它们主要取食植物种子，在稻谷成
熟的时候，也常常偷食稻谷。在繁殖期，织
布鸟也吃昆虫。

图 5-11 织布鸟

最令人称奇的当属雄性织布鸟高超的
"织布"技术了。通过漫长的进化，织布鸟拥
有了令人惊叹的技艺。在繁殖季节，它们用
草根和细长草叶等纤维材料织成一个圈，再不断添进材料，一直
到织成一个空心球体，然后再加上一个入口，这就是雄性织布鸟
为雌鸟搭建的婚房。有些种类的织布鸟是一夫多妻制的，雄鸟在
一个繁殖季节里要造几个巢穴，以吸引不同的雌鸟。

四、杜鹃的巢寄生现象

你知道吗？ 绝大多数鸟类都要亲自孵化、喂养自己的后代。
但世界上约有 50 种杜鹃在其他种类鸟的巢穴里产卵，这是一种巢
寄生现象。其实，杜鹃这样做也有不得已的苦衷：雌性杜鹃此举
是为了不让孩子被贪食的父亲吃掉，因为凶残的雄性杜鹃看见产
下的卵便吃，也不管是不是自己的孩子。

雌性杜鹃为自己的后代找窝是很有技巧的，它在每个巢穴中
只寄养一枚卵，而且善于选择卵的大小和色泽与自己的卵类似的
鸟种作为养父养母的"最佳人选"。一般都是到快产卵的时候，雌
性杜鹃便选中一只鸟巢。如果走运，趁巢的主人出去觅食的工夫，
它大白天就直接把卵产在巢里。如果情况不允许，它就将卵产在
地上，再趁主人不在时叼着送到新居。研究表明，杜鹃的卵几乎

没有任何特殊的气味，大小、花纹与亲
鸟的卵又非常接近，这使粗心的养父母
很难分辨出杜鹃的卵。而且一旦孵化出
来，由于小杜鹃生长快，能抢夺更多的
食物（图 5-12），反而使养父母的亲生子
女得不到喂养而饿死。

图 5-12　养母照料小杜鹃

　　千百年来的进化，已经使杜鹃适应
了这种巢寄生的生活。雌性杜鹃平均每
年产 15 枚卵，一般从 3 月到 7 月，延续的时间很长，这使雌性杜
鹃有充足的时间为自己的孩子找到合适的养父母。即使有个别孩
子被遗弃或因其他原因死亡，它靠自己大量的、间断的产卵也能
弥补这种损失。

　　还有的杜鹃从不筑巢。眼见别的鸟住房条件优越，它就会去
"占窝为王"。不过，这种杜鹃抢了别人的房子可不是为了自己住
得舒服，而是为了孵化下一代。虽然抢人家的房子有点不道德，
但杜鹃在孵卵、饲喂雏鸟的亲身经历中找回了"为鸟父母"的感觉。

　　在非洲，生活着一种大斑杜鹃，善于选择"保姆"为它们孵卵、
喂养雏鸟。一旦小鸟羽丰振翅，大斑杜鹃又会把自己的子女从"保
姆"手中领走，按照固定的模式养育后代。研究人员还发现，如果
故意将雌性杜鹃的卵从它寄养的巢里拿走，雌性杜鹃就会将附近
的鸟巢全部破坏。这明显是一种警告，告诉这里的鸟必须接受它
寄养孩子的现实，否则它们将付出更大的代价。

　　杜鹃的巢寄生活动给其他鸟带来不少损失，可是在消灭森林
害虫方面，很少有谁能比得上它。

五、鸟类的求偶行为

你知道吗？ 鸟类的求偶行为在动物界里是最复杂的。在很多鸟类家族中，雄鸟通过一系列的行为向心爱的雌鸟表达爱意，雌鸟也通过自己独特的标准判断雄鸟是否拥有健康的体魄，是否具有良好的捕食能力，以使自己的后代获得优秀的基因，提高自己的繁殖成功率。

彩礼求偶

北极燕鸥（图 5-13）矫健有力，是让人叹服的北极动物。它在北极出生，却要到南极度假。当冬季到来的时候，北极燕鸥开始飞越重洋，一直向南飞，飞到地球的另一个尽头，在南极享受夏季。南极夏末时，北极燕

图 **5-13**　北极燕鸥

鸥又展开双翅向北飞，一直向北，飞到地球的北极，到那里去繁衍自己的下一代。一年一度，北极燕鸥就这样往返于地球两极之间，单程的行程大约 40 000 千米。这样长途旅行的好处是，北极燕鸥所能享受的夏季是漫长的，历时 8 个月左右。

特殊的生活习性使雌性北极燕鸥在选择配偶时，更加注重雄性的体力和捕食能力。在每年的 6～7 月，雄性北极燕鸥就会在鸟巢的聚集地上空盘旋，向雌性展示自己。每只雄鸟血红色的嘴里都衔有一条刚捕捉到的鱼，雌鸟通过观察雄鸟捕捉到鱼的大小和雄鸟回到雌鸟身边的频率，判断它是否具备良好的体能并具备出色的捕食能力。因为在繁殖时期，雌鸟接纳了雄鸟以后，就不再

外出捕食了，雌鸟和孩子的食物完全由雄鸟提供。求偶时期雄鸟对雌鸟的饲喂情况能决定雌鸟产卵的大小，也能决定刚孵化出的幼鸟能否存活。在孵化后代时雌鸟要日夜不停地孵卵，这时雄鸟还要继续担当起鱼虾提供者的角色。所以雌鸟能否选择一个优秀的郎君，能决定它繁殖成功的机会有多大。科研人员观察到许多结合在一起的北极燕鸥，在求偶时期的早期就又分开了，可能是因为雌鸟认为雄鸟的捕食能力弱，而拒绝与它共同生活。

有学者认为雌鸟接受雄鸟的喂食是雌鸟退化的表现，因为它像幼鸟一样张嘴讨食，也像幼鸟一样接受雄鸟的饲喂。其实，雄鸟这种具有求爱性质的喂食行为，不但便于雌鸟对雄鸟的挑选，也对雌鸟自身有利，可以让雌鸟保存体力，产下更优秀的卵。

最复杂的求婚仪式

园丁鸟（图 5-14）在世界上分布地区有限，只在新几内亚以及澳大利亚东部等地生活，有 8 属 20 种。园丁鸟是中型鸣禽，它们羽毛光鲜，雌雄体色不同，以昆虫和果实为食，叫声婉转多变，好像一系列铃声。园丁鸟是鸟类中高明的"建筑师"，已知的 20 种园丁鸟当中，有 17 种会为了求偶而修建华丽

图 5-14　园丁鸟

的住所。它们搭建的鸟巢像一个个小花园，周围用树篱围起来，点缀着各色的饰物。园丁鸟的很多行为与人类极为相像。进化生物学家贾里德·戴蒙德称它们为"与人类最为神似的鸟类"。

到了繁殖季节，雄性园丁鸟会想尽办法搭建一个精美的小屋吸引雌性。雄鸟首先会在林间空地上找一个光线较暗但树荫又不

太浓郁的地方，在这个地方清理出 1 平方米左右的空地，在空地上搭建小屋。为了让小屋接收更加充足的光线，它会让小屋开口朝向南面。在小屋的前面它还会修建一条几十厘米长的林荫通道。雌鸟不仅要看雄鸟用了多少东西搭建小屋，还要看这些东西是怎样的独特。所以在小屋的周围，雄鸟会用蜗牛壳、羽毛、花朵、蘑菇等小物件装饰。如果生活的场所离人类住所比较近，它也会寻找一些玻璃、小刀、发卡、纸片、眼镜、金属丝、毛线等，甚至有时会偷来钻石装饰自己的小屋。而且，雄鸟会选那些颜色与雌鸟羽毛颜色相同的物件来装饰。它还会仅仅出于装饰性目的杀死一些体色亮丽的甲虫。在地球上的众多生物中，除园丁鸟外，只有人类会出于这种目的处理动物。

有时为了让自己的小屋更加出类拔萃，雄鸟也会偷其他雄鸟的装饰物，甚至有些"坏心眼"的雄鸟会有意破坏其他雄鸟的小屋，以免它们和自己竞争。

生活在印度尼西亚的雄性弗格克园丁鸟的"豪华别墅"，高度可达 4 米，纵深长度可达 6 米，可以说达到了令人叹为观止的程度。

当小屋彻底竣工的时候，雄鸟会带雌鸟前来参观，并当着雌鸟的面衔着饰物翩翩起舞。为了让"婚礼"更加隆重热闹，有的园丁鸟会奏乐，同时鸣唱另一物种二重奏的两个声部，还有的能轻松模仿笑翠鸟的沙哑笑声和链锯的轰鸣声。有的园丁鸟还会邀请琴鸟前来伴奏。两种鸟精妙地配合，在鸟类中实属罕见。经过长时间的复杂表演，雌鸟可能会被雄鸟的魅力征服。如果雌鸟看中了小屋并被雄鸟的舞姿打动，就会和这只雄鸟双双进入华丽的"洞房"。有科学家曾故意拿走一些装饰物，发现这会导致雄鸟交配的机会下降。令人奇怪的是，雌鸟交配之后并不在雄鸟搭建的小屋里产卵、生活，它会独自去搭建另一个巢，在那里养育自己的后代。至于其中的道理，现在还没有人研究透彻。

最初有人认为，园丁鸟这些天才的行为反映出它们有审美情趣，甚至有一定的文化意识。查尔斯·达尔文指出，园丁鸟的这种行为，生动地说明了动物的性选择。在园丁鸟的家族里，雄性如果能够建设一座美丽的"别墅"，就代表着它拥有优秀的基因，尽管这在我们看来是不相干的两回事，可大自然千百万年的选择就是这样的。那些筑巢能力强的雄性的后代在抗病能力、摄食能力等各个方面确实是出色的。也就是说，这种筑巢行为只是一个表象，象征着雄鸟拥有优秀的基因，所以雌性园丁鸟的选择是没有错的。

鸟类的求偶炫耀

求偶炫耀是雄性通过向雌性展示自己，表明自己拥有最优秀的基因，如果雌性和自己结合，就可以产生出优秀的后代的行为。很多人都不理解雄性动物在求偶时的种种复杂的炫耀行为，更有人怀疑它们漂亮的羽毛、美丽的冠饰、庞大的肉瘤是不是中看不中用。为了探究动物求偶炫耀的内在机制，曾经有动物学家做了这样一个实验：让有漂亮羽毛的雄性孔雀和毛色普通的雄性孔雀分别与雌性孔雀交配，再将这两组受精卵分别孵化，观察后代的表现。他们发现，拥有漂亮羽毛的雄性孔雀的后代抗病力强，获得食物的能力也很强，而毛色普通的雄性孔雀的后代则非常容易得病夭折，摄食能力也很差。所以，雄性孔雀拥有美丽的羽毛就意味着拥有优良的基因。雌性孔雀和这样的雄性孔雀交配，后代的成活率高，最有利于物种的繁衍。这个实验也证明了动物在求偶时的炫耀不是简单地获取异性的芳心，更重要的是在向异性传达信息：我才具有优秀的基因，与我结合，你的孩子才是最优秀的！

多数鸟类雌雄之间差别显著，尤其是在婚羽上。一般来讲，雄鸟具有华美的羽饰，而雌鸟羽色平淡。

求偶炫耀是鸟类通过婉转的鸣唱，展示华丽多彩的婚羽或色彩斑斓的冠、囊、角、裾等附属物，进行婚飞、戏飞或以其他行为姿态吸引异性的一种活动。多数情况下，求偶炫耀主要由雄鸟来进行。少数种类也有相反情况或雌雄羽色没有差别，求偶双方同时参与的情况。

鸟类的求偶炫耀丰富多彩，各具特色。

鸣曲炫耀

婉转的鸣唱是一种常见的求偶炫耀方式。包括人类不太喜欢的如杜鹃的早晚啼叫、猫头鹰的凄惨悲鸣、啄木鸟的击鼓之声、夜鹰的像机关枪扫射一样的声音，以及榛鸡（图 5-15）的像飞机起飞一样的声音等，都属于鸟类的鸣曲炫耀。

图 5-15 榛鸡

羽饰炫耀

具有华丽羽饰的雄鸟常常通过炫耀其漂亮的羽饰来求偶。雄性红腹锦鸡求偶时常跑到雌鸟的侧前方炫耀其金黄色的颈羽。蓝极乐鸟的雄鸟求偶时将身体倒挂在一根突出的树枝上，以便更好地显露其漂亮的胸羽。黄腹角雉求偶时雄鸟面对雌鸟，头部连续抖动，随之一对翠蓝色的肉角耸立在头顶之上，颈下多彩的肉裾徐徐展开，同时双翅快速而有节奏地扇动，还发出"吱吱"的声音。

在我们看来，它们的炫耀方式也是非常吸引眼球的行为。

力量炫耀

猛禽在求偶时雌雄鸟在空中上下翻飞，互相追逐，这就是所谓的"戏飞"。鹤类的求偶炫耀以舞蹈的方式进行。这类炫耀可能是雄性在向雌性展示自己的力量，表明自己有很强的捕食能力，以期获得雌性的青睐。

竞技炫耀

公共竞技场求偶是求偶炫耀的一种特殊方式。在一个公共的竞技场，许多只雄鸟进行炫耀表演，优胜者才能获得满意的配偶，进行繁殖。例如，北美地区的艾松榛鸡的竞技场是一块长1 000米、宽200米的场地，可容纳400只雄性艾松榛鸡进行求偶竞赛。求偶时，每只雄鸟在各自的求偶领域内进行炫耀表演，而雌鸟则观察着雄鸟的表演并最终决定交配对象。在榛鸡种群里，等级差别非常明显，年幼和低等级雄鸟常常不能与雌鸟交配，而位于竞技场中央的大多为年长、社群地位高的，它们往往会与多只雌鸟交配，获得更多的繁殖机会。现在已知至少有85种鸟会进行这种竞技炫耀。

六、鸵鸟为什么不能飞翔

你知道吗？鸟类是一个非常大的类群。有在天上飞的，有在水里游的，也有在地面上跑的。那么，鸟类这些形形色色、各种各样的生活方式是怎样形成的？通过鸵鸟，我们可以窥见鸟类的进化史。

鸵鸟（图 5-16）是地球上现存体型最大的鸟类，体重超过 100 千克，身高超过 2 米。体重过大是阻碍鸵鸟飞翔的一个原因。

图 5-16　鸵鸟

鸟类要飞起来，不仅要有一双有力的翅膀，翅膀上还要有具飞翔功能的飞羽，尾巴上要有负责平衡的尾羽。飞羽由许多细长的羽枝构成，羽枝上又有成排的羽小枝，羽小枝上有钩突，把各羽枝连接起来，形成羽片。羽片轻而致密，能扇动空气使鸟类腾空飞起。尾羽也由羽片构成，在飞翔中起舵的作用。此外，鸟类还有尾脂腺，分泌的油脂可以保护羽毛不变形。鸟类的体表一般分羽区和裸区，即在需要的地方才有羽毛，不需要的地方就裸露着或少长一些细小的羽毛。

鸵鸟的羽毛均匀地分布在体表，没有羽区和裸区的区别，也没有飞羽和尾羽的分化，更无羽毛保养器——尾脂腺。总的来看，它的飞翔器官高度退化，根本不适于飞翔。

从身体的内部构造上看，鸵鸟也不适于飞翔。鸵鸟的骨头里没有其他鸟类那种储存空气的空腔。鸵鸟的脖子很长，头骨与脊椎骨没有愈合现象，这些特征使鸵鸟的骨头太重。最关键的是，鸵鸟没有固定飞翔肌的龙骨突，因而胸肌不发达，承担不起飞翔的任务。

那么鸵鸟为什么进化成今天这个样子呢？其实这是它们适应沙漠生活的结果。大约在 2 亿年前，一支古爬行动物进化成了鸟类。经过陆地复杂多变的环境的自然选择，鸟类也逐渐进化出众多类型，出现了鸭、鹅等水禽，鹤、鹳等涉禽，斑鸠、野鸡等陆禽，猫头鹰、游隼等猛禽等多种生态类型。而鸵鸟是另一种生态类型——走禽的代表。长期生活在辽阔的荒漠、草原、灌丛地带，鸵鸟的翼和尾都退化了，后肢却发达有力，可以以 70 千米/时的速度奔跑。如果鸵鸟的祖先硬撑着在广阔的草原上空飞翔，而不去学习如何脚踏实地奔跑，可能早就灭绝了。

七、人类怎样才能自己飞起来？

你知道吗？ 从儿时起，每当看到天空中飞翔的鸟，我们就会想，我们什么时候能够飞起来，如果能像鸟一样自由自在地飞翔，那该多好！这种梦想也许伴随着每一个人的成长。鸟能飞起来，是由于它们在长期的进化中形成了与飞行生活相适应的身体结构。

能够像鸟一样飞翔，是人类的梦想。甘肃敦煌莫高窟壁画中的飞天，只需轻盈地舞动衣袖，就能在天空中自由自在地飞翔，如真似幻，引起人们无限的遐想。在西方的宗教壁画中，背后长有翅膀的天使，被认为是世上的精灵，他们身上也寄托着人类飞行的梦想。

那么，人类到底能不能像鸟一样翱翔于天空呢？从 1.45 亿年前的晚侏罗纪出现的始祖鸟到今天的现代鸟，鸟类通过漫长的演化适应了飞行生活，它们的每一处身体结构都是与飞行生活相适应的。根据结构与功能相适应的观点，人类如果想自己飞起来，身体就要做出巨大的改变。现在我们就看看人类要自己飞起来需要改变的地方有哪些。

一是要有流线型的身体。人和哺乳动物的身体接近圆柱形，这种体形会在飞行时承受巨大的阻力。我们看看鸟类的体形，它们的身体接近前圆后尖的水滴形，这就是所谓的流线型身体。研究表明，这种流线型身体，在运动时受到的阻力仅为圆柱形的 1/25。所以你想，以我们现在的体形要飞起来，需要耗费多少能量啊！

二是体被羽毛。羽毛对于飞行生活有如下作用：（1）保持体温，形成隔热层。你不可能飞到万米高空还穿着厚厚的棉衣保暖，也不可能在炎热的夏季还把自己装在套子里。鸟类通过春秋季节的换羽很好地解决了保暖与散热的问题。（2）羽毛是构成飞翔器官的一部分，有了羽毛，翅膀张开后的面积更大，飞行更加省力。（3）使外廓更呈流线型，进一步减少飞行时的阻力。所以我们要飞起来，最好先长出羽毛。

三是有发达的胸肌。我们都知道鸟类胸脯上的肉很厚，其实这是鸟类发达的胸肌，这些长在龙骨突上的肌肉使鸟类的翅膀非常有力，能瞬间爆发出巨大的能量，使它们能克服地球的引力飞起来。研究表明，人类要飞起来，以 50 千克的体重计算，翼展至少要 6 米，胸肌的厚度为 80～100 厘米！那可真是未见其人先见其胸了，你愿意拥有这种体形吗？

四是呼吸方式的改变。人和哺乳动物在呼吸时，仅在吸气时吸入氧气，空气在肺泡里只进行一次气体交换。鸟类休息时的呼吸与哺乳动物类似，但它们在飞行时所消耗的氧气，比休息时大 21 倍，采用哺乳动物的呼吸方式是不能满足这种高强度运动对氧气的需求的，鸟类特有的双重呼吸解决了这个难题。它们的内脏、骨腔以及某些运动肌肉之间广布着大大小小的气囊。在飞行中扬翼时气囊扩张，空气经肺而吸入，进行一次气体交换；扇翼时气囊压缩，空气再次经肺排出，又进行一次气体交换。而且飞行越快，扇翼越猛烈，气体交换也越快。有了充足的氧气，才能为飞行提供足够的动力。

五是消化与摄食方式的改变。飞行生活需要消耗大量的能量，这导致鸟类进食量大，进食频繁。例如，猫头鹰 4 小时就能把吃掉的老鼠消化掉，太平鸟 15 分钟就能把吃进去的果实变成半消化的物质。从食量上看，雀形目鸟类一天所吃的食物相当于体重的 10%～30%。蜂鸟一天所吃的蜜浆等于其体重的 2 倍。体重 1 500 克的雀鹰，能在一昼夜吃掉 800～1 000 克肉。据计算，红喉蜂鸟在休息时，每小时每克体重消耗 10.7～16.0 立方毫米氧气，但在飞翔时则增大到 85 立方毫米。人类每天所消耗的食物只占体重的 1%～2%，要想飞起来，就要摄取更多的食物，就要改变目前的消化方式和摄食方式，比如变一日三餐为一日多餐，而且每次都吃很多。如果这样的话，我们每天用在吃饭上的时间将大大增加，没有休息、娱乐、学习的时间，过这样的生活你愿意吗？

六是代谢方面的改变。如按单位体重来计算鸟的"发动机"功率的话，数值是很可观的。例如，鸽子的体重约为 350 克，实际发出的功率约为 0.025 6 马力，约折合每千克体重发出 0.073 马力。而一般人使劲工作，功率不足 0.5 马力，最好的运动员，手脚并用，在短时间内，也只能发出 1.5 马力功率，按体重为 70 千克计算，平均每千克体重只能发出约 0.021 马力，仅为鸽子的 1/4 左右。鸟类的心脏特别发达，心脏占体重的比例位于脊椎动物之首。而且它们的心跳比哺乳动物快得多，一般为 300～500 次/分，动脉压较高，血液流动迅速。从排泄来看，鸟类肾脏的肾小球数目比哺乳动物多 2 倍，这对在旺盛的新陈代谢中迅速地排出废物，保持水盐平衡是非常有利的。鸟类的尿大都是由尿酸构成的，尿酸常呈半凝固的白色结晶，这样可以减少排出水分。此外，鸟类的消化道非常短，不储存粪便，鸟类也不具有膀胱，尿液连同粪便一起排出，这也是减轻体重的一种适应。

　　七是身体结构上的重大改变。要想飞起来，人类的身体结构还要做出重大的改变。例如，不长牙齿而用角质的喙来啄食以减轻体重；眼睛长出瞬膜以抵御飞行时冷空气对眼球的侵袭；眼球能够进行双重调节，在高速运动时看清地面上的一草一木；骨骼变成中空结构，脊椎部分椎骨愈合，在减轻体重的同时，使身体重心集中于体轴中央；为了能在结束快速飞行时稳稳地站住，还要有能起到刹车作用的栖止肌；等等。

　　由以上对比分析我们可以看出，人类要飞起来，需要从头到脚、从里到外进行巨大的改变才行。所以，敦煌壁画里的飞天和西方宗教故事里的天使，都只是人类向往飞行生活的美好梦想，在现实世界中，人类作为哺乳动物的一员，不但通过长期的演化适应了在地面上生活，更重要的是，人类进化出了高度发达的大脑，我们现在的生活比鸟类更加悠闲自在。虽然自己不能飞起来，但我们可以制造飞行工具（图5-17），可以不必自己利用翅膀飞行，可以不用每天都忙于进食以满足飞行所需要的大量的能量需求，可以利用飞行器飞到世界上所有鸟类都不能达到的高度。那么，我们又何必羡慕鸟呢？还是努力做好我们自己吧！

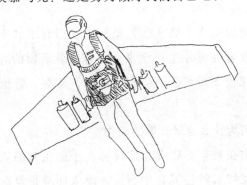

图 **5-17** 飞行器

第六章 哺乳动物

哺乳动物简介

现存的哺乳动物超过 4 000 种，是当今世界上躯体结构和功能最复杂、进化水平最高的动物类群。多数哺乳动物的体表覆盖着毛发，可以防止热量散失。胎生、哺乳、恒温是哺乳动物的三大特征。

分布于澳大利亚和新几内亚的鸭嘴兽具有鸭子一样宽而扁的嘴，指（趾）间有适于游泳的蹼，是哺乳动物中的低等类群。和多数哺乳动物不同，鸭嘴兽是卵生的，属于哺乳纲中的原兽亚纲。和它进化水平相当的现存原始哺乳动物还有针鼹和长吻针鼹。

分布于澳大利亚的大袋鼠、考拉（树袋熊）属于后兽亚纲。这些哺乳动物还没有真正的胎盘，幼崽出生以后需要在育儿袋里继续发育。

真兽亚纲的动物是高等哺乳动物。它们有了真正的胎盘，胎儿在母体内发育完善才生产出来。高等哺乳动物的乳腺发达，可以为幼崽提供充足的营养。刺猬、蝙蝠、猕猴、野兔等都是真兽亚纲的动物。

哺乳动物为什么是最高等的动物？

哺乳动物在繁衍后代方面的优势在于胎生和哺乳。对鱼类来说，它们产完卵后就任其自生自灭，而水环境是复杂多变、敌害众多的，所以鱼类需要大量地产卵来弥补生存率低的不足。例如，一条 30~40 厘米长的鲤鱼一次就产卵 20 万至 40 万粒。爬行动物出现了羊膜卵，使动物的繁殖摆脱了水的束缚，母亲可以选择一个更安全、更适宜的环境孵化幼崽，这样它们的产卵数就可以大大降低。例如，鳄鱼一般每次产卵 20~90 枚，比鱼类的产卵数少了很多。胎生的出现，是动物进化史上的一个飞跃。胎生使哺乳动物的子代生存在一个稳定的液体环境——羊水里，这里温度恒定，营养由母体通过血液提供，遇到危险能随母体迅速转移，所以哺乳动物的子代受外界影响更小，成活率更高。因此，哺乳动物的繁殖效能更高，它们只需要繁殖少数几个子代，就能完成延续种族的任务。例如，马、牛、羊等动物一般每年繁殖一次，每次只产一胎。哺乳动物中除鸭嘴兽、针鼹等少数种类是卵生外，其他的都是胎生动物。

哺乳动物的幼崽可以不必在对外界非常陌生时就为食物奔波，也避免了因为没有经验摄入有毒的食物，还避免了在消化系统还很脆弱时就消化粗劣的食物，更避免了因自己取食带来的种种危险。母乳是养分充足且易于消化的纯天然的优质婴幼食品，可以有效地保证后代有较高的成活率，使无效繁殖的数量大大降低。初生的幼小生命不再会因自然灾害和恶劣的气候环境而缺吃少喝，母亲体内的脂肪足以维持小型"乳汁厂"的开工投产。动物的乳汁含有蛋白质、脂肪、乳糖、钙、钠、镁、氯、钾等多种营养物质，还含有调节生命活动的维生素和激素。海豹和鲸鱼的乳汁富含营养，脂肪含量超过 50%，因而一头小鲸每天能靠乳汁增重 100 千克。野兔每周仅给仔兔喂两三次奶就够了，原因是它们的乳汁中含有 25% 的脂肪。

恒定的体温使哺乳动物有更高的代谢效能，能获得更充足的能量，充足的能量又使它们的捕食效率更高，这样它们就可以从每天繁忙的摄食活动中解脱出来。同吃同住的家庭生活模式，使幼小的哺乳动物获得了更多的生存机会。哺乳动物在家庭生活的圈子里不仅养育和护卫自己的后代，更注重培养后代的觅食和防卫御敌能力。食物结构的改善促进了大脑的发展，从而使哺乳动物能够将智能和经验代代相传，长久受益。这一切都促进了哺乳动物向更高的层次进化。

一、哺乳动物中的另类

你知道吗？ 动物界常有许多怪事，像鱼的鲸不是鱼，善于在水中游泳的企鹅却是鸟，无翼不能飞的鸵鸟是鸟，而有翼能飞的蝙蝠却不是鸟。

蝙蝠不是鸟

为什么蝙蝠不是鸟呢？蝙蝠没有真正的翅膀。它们的翅是由前后肢和尾之间的一层薄薄的皮膜连接而成的，没有羽毛。虽然它们的身体结构和鸟类有相似的地方，比如胸骨和胸肌都很发达，能像鸟类那样展翼飞翔，但它们不是鸟类而是哺乳动物。因为蝙蝠的体表没有羽毛而有毛发；它们的嘴里有牙齿，而鸟类角质的喙里没有牙齿；蝙蝠体内有膈，将体腔分为胸腔和腹腔，鸟类则没有这样的构造。另外，从生殖方式上看，蝙蝠是胎生哺乳，而不像鸟类那样卵生。这些特征说明蝙蝠是名副其实的哺乳动物。

鲸鱼不是鱼

鲸(图 6-1)拥有像鱼一样的梭形身体，后肢完全退化，多数种

图 6-1　鲸

类背上还长有背鳍，尾巴也适应水中生活而呈水平鳍状，这些都使它们适于在水中游泳。所以人们常称鲸为鲸鱼。但鲸的体表是光滑的皮肤，没有鱼那样的鳞片；它们的前肢特化成鳍状，内部结构则与哺乳动物的前肢构造相似；还有，鲸用肺呼吸，拥有恒定的体温，胎生哺乳，幼体体表长有体毛，小鲸要吃一年的乳汁才能长大。这些特征说明鲸是哺乳动物而不是鱼。

我们有时看到电视节目报道某处海滩发现了搁浅的鲸鱼或海豚。有人说这是它们集体"自杀"。科学家在研究了搁浅致死的抹香鲸的骨骼后发现，许多抹香鲸都出现了骨头坏死的现象。这种情况与潜水员类似，潜水员在潜到深海之后如果上升过快，一些惰性气体，如氮气或氦气就会以气泡的形式残留在体内，造成身体不适或急性障碍。抹香鲸在海洋里捕食经常需要下潜到超过3 200米深的地方，有时还需要迅速浮上浅海。这时体液中的氮气就会涌出形成气泡。如果这些气泡影响到骨骼，那么一些骨骼组织会因局部坏死而留下许多小凹洞。

近年来，越来越多的人类活动改变了海洋哺乳动物的活动规律。海军的军事演习、潜艇活动产生的水底噪声，都会让鲸鱼和海豚惊慌失措，让它们迅速浮上水面。长期如此，它们的骨头坏死严重，最终出现了在海滩搁浅死亡的结局。

鸭嘴兽不是鸟

　　鸭嘴兽(图 6-2)，又称鸭獭，虽然长着鸭子一样的嘴，但它不属于鸟类，而是现存最原始的哺乳动物。鸭嘴兽属哺乳纲单孔目鸭嘴兽科，栖息于澳大利亚东部地区和塔斯马尼亚州。

　　鸭嘴兽体长约 60 厘米，全身密被浅黄到深褐色的软毛。身体短粗，尾巴又扁又宽，特别像海狸的尾巴。鸭嘴兽通过宽扁的嘴在水下淤泥中挖掘甲壳类、软体动物等作为食物。鸭嘴兽在水中

图 6-2　鸭嘴兽

进行交配，雌兽每次可以产下 1～3 枚软壳卵，然后自己孵卵，孵化期大约 14 天。小鸭嘴兽孵化出来之后，通过可以伸缩的舌舐吮从母亲乳腺流出的乳汁，4 个月后断奶。

　　鸭嘴兽有好多性状与爬行动物相似，也有一些性状与鸟类相似。例如，它的嘴很像鸭子嘴，脚上有蹼和趾，口中没有牙齿的特征很像鸟类；缺乏完善的调节体温的能力，受环境温度限制大，这一点又很像爬行动物；它还具有泄殖腔、卵生、幼胚借卵黄的滋养而成长等特性，就更像鸟类和爬行动物。但鸭嘴兽体温相对恒定，通过乳汁哺育后代等特征更接近哺乳动物。鸭嘴兽的身体构造表明，现存的哺乳动物和鸟类是由古代爬行动物进化而来的。鸭嘴兽是一种在地球上生活了 2 200 万年的古老动物，现在仍在继续适应和进化的途中，具有重要的科研价值。

　　直到 20 世纪初，鸭嘴兽还被人猎杀获取皮毛，后来由于实行保护政策，脱离了灭绝的危险。鸭嘴兽现在已经成为澳大利亚的象征，常常被选为全国性活动的吉祥物。

二、蝙蝠的回声探测器

你知道吗？ 猎隼在白天活动，可以猎杀麻雀等小型鸟类，也吃老鼠，有时也吃一些昆虫，靠敏锐的视觉和高超的飞行技术捕获猎物。猫头鹰在夜间捕食，通过敏锐的视觉和出色的听觉锁定猎物的方位。蝙蝠视力极差，基本上只能分清白天和黑夜，而它们又是昼伏夜出的动物。那么，在漆黑的夜里，蝙蝠是怎样准确地锁定猎物，躲避障碍物的呢？

蝙蝠(图 6-3)发射超声波主要是为了探测食物的方位、躲避障碍物。它们使用的声波频率通常为 40 000～300 000 赫兹，波长为 1～3 毫米。

以几乎静止不动的小型对象为食物的蝙蝠(吃停在树上的昆虫或浆果之类的蝙蝠种类)，觅食所用的声波频率较低，相对恒定，约为 150 000 赫兹。

而在飞行中捕食猎物的蝙蝠不光

图 6-3　蝙蝠

要确定猎物的方位，还要测定猎物的移动速度，它们都善用频率不断变换的声波探测。食虫蝙蝠常将自己的身体倒挂在树枝上或岩壁上，而它们的头却不停地向四面八方旋转，每秒发出 10～20 个信号，每个信号包含 50 个声波振荡，起始频率与结束频率分别为 90 000 赫兹和 45 000 赫兹，使两种不同的频率在一条信息中出现。蝙蝠通过测量与定位回声声波变化来给飞行中的猎物定位定向。猎物迎面飞来，蝙蝠就会收到由长变短的反射声波，猎物的飞行速度与反射声波波长压缩的程度成正比。倘若猎物与蝙蝠逆向飞行，则收到的回声的波长会变大，速度越快，收到的回声频率也就越低。

蝙蝠的回声探测器具有很高的精确性。不同质地的物体对声波的反射不尽相同，平整光滑的物体反射声波效果最佳，柔软粗糙者则使声波衰减。科学家经研究发现，蝙蝠竟能将面积相同的绒布、胶合板以及砂纸区别开来。

爱吃鱼的蝙蝠的回声探测器不仅能在空气中工作，对水也有极强的穿透力。它们紧贴水面飞行，并向水中发送信号。大部分回声从水面反射回来，在空气中消散。此外，进入水中的声波也很难探测到鱼的方位，这是因为含 80％ 水分的鱼体与周围水环境的传声特性非常接近。幸亏鱼体内的鱼鳔（俗称鱼泡）里充满空气，蝙蝠可以通过鱼鳔探测到鱼的准确位置，进而将鱼轻松捕获。

人无完人，蝙蝠也一样。蝙蝠的回声定位系统也不是尽善尽美的。在有玻璃幕墙的大型建筑物前，经常有撞死、撞伤的蝙蝠。研究人员认为回声定位系统具有声学反射镜特性，光滑、垂直的建筑表面形成了"声学镜面"，光滑平面反射的声波远离蝙蝠的行进方向，接收不到反射声波的蝙蝠认为前方空无一物，继续高速飞行，而这也成了蝙蝠的感官陷阱。

三、嗜血的"魔鬼"——吸血蝙蝠

你知道吗？ 在现实生活中，当吸血蝙蝠用锋利无比的牙齿咬开动物的皮肤时，受害者常常毫无察觉。在吸血蝙蝠的唾液中还有防止血液凝固的物质，能让被咬的动物流血不止。

吸血蝙蝠（图 6-4）是名副其实的以血为食的类群，也是哺乳动物中唯一的吸血种类。吸血蝙蝠分布在美洲中部和南部，体形较小，最大的个体体重不超过 40 克。它们的头骨和牙齿已高度特化，上门齿特大，上犬齿演变成小刀状，均有异常锐利的"刀口"。吸血蝙蝠的后肢很强壮，它们能在地

图 6-4　吸血蝙蝠

上迅速移动，甚至能进行短距离跳跃，飞行能力也很强。它们没有尾巴，有鼻叶。通常情况下，一只吸血蝙蝠每个繁殖季节只孕育一个后代。它们往往生活在完全不见光的地方，如洞穴、老井、空心树中等，这些地方栖息的吸血蝙蝠数量从一只到数千只不等，常常还生活着其他种类的蝙蝠。每个吸血蝙蝠家族通常只有一只雄性，雌性吸血蝙蝠及其后代的数量则在 20 只左右。

吸血蝙蝠每隔几天便要享受一顿血餐。它们的牙比其他蝙蝠少，但前排牙齿已演化成锋利的刀片，可以极准确地割开熟睡动物的皮肤，而不被那些动物察觉。由于吸血蝙蝠的唾液中含有抗凝血的化学成分，因此它们可以痛快畅饮被吸血动物的血液，一次的吸血量可相当于自身体重的一半。吸血蝙蝠的肾脏很特殊，使它们在吸血后不久就能排尿，将所吸血液中的大部分水分排出体外。这样，吸血蝙蝠就能轻装返回栖息地，既减少能量消耗，又减少危险。回到栖息地后，吸血蝙蝠继续消化这些脱水的血液，直到形成粪块。

本来，吸血蝙蝠主要吸食马、牛、鹿等动物的血液，但近年来因为栖息地受到了人类活动的破坏，吸血蝙蝠有时也会咬伤人

类。据报道，委内瑞拉一个叫瓦劳的偏远部落经常遭到吸血蝙蝠的袭击。有的吸血蝙蝠携带致病菌，这导致数十人被咬后身亡，甚至一些研究人员也成了受害者。

四、哺乳动物对工具的使用

你知道吗？ 养鱼的人都知道，由于经常给鱼喂食，当有人靠近鱼缸的时候，鱼就会来到水面张开嘴等着投食。多数人不知道的是，鱼永远也不会认识给它们喂食的人，它们来要食物是因为简单的条件反射。同样，鳄鱼也不会认识饲养员，只要距离合适，它们随时都有可能攻击饲养员。但乌鸦可以记住偷猎者的面容，当偷猎者再次出现时乌鸦会向同类发出警报。哺乳动物同鸟类一样，是高智商动物，很多哺乳动物都有很强的学习能力，它们的一些行为常常让人觉得不可思议。

海獭可以做一件我们一度认为只有人类才会做的事：利用工具来达到某个目的。它先在海里捞起一只贻贝，然后在水面仰卧漂浮，并在肚皮上放一块石头，接着用前肢捧着贻贝，用贻贝撞击石块。由于在水里使不上劲，再加上它动作笨拙，要把一只贻贝打开，通常要猛敲 30 多次。但为了享受到美味的贻贝肉，海獭非常耐心地做这件事。吃完一只，它会把那块石头挟在腋下，潜入水里再寻找下一只贻贝，然后以同样的方法打开。

一种生活在非洲森林里的卷尾猴，会将一种拥有超厚果皮的核果收集起来，扔在一个固定的地方，让它的外皮腐烂变软，三四天后再搬回去，用巨大的石块将核果砸碎，吃掉里面的种子。这种猴子的体重虽然只有十几斤，却能搬起相当于自身体重 2 倍的石块去砸核果。

黑猩猩(图 6-5)有着很强的学习能力，能使用天然工具，甚至能制造一些简单的工具。研究人员发现，当一只黑猩猩把青苔当作海绵吸水供自己饮用之后，它的家族成员也很快学会了这种获得清洁饮用水的方法，并

图 6-5 黑猩猩

且一代一代地传承下去。黑猩猩不但会用现成的工具，而且会自己制造工具，甚至学会了"琢磨"工具。丛林里的黑猩猩经常吃一种坚果，会在裸露的树根或石块上找一个大小相当的凹坑，把坚果放进去，再找一块大小适宜的石头，用适当的力气，既能恰好砸破果核，又不会将果仁砸得粉碎。据科学家观察，小黑猩猩要将这一"技术"掌握好，就要不断地向父母和其他同类学习，几年以后才能砸得恰到好处，这还真不是一件容易的事情。

在森林里，行军蚁(图 6-6)可不是好惹的。它们特别凶猛而且数量众多，其他动物搞不好就会被它们咬伤甚至吃掉。昆虫、蜘蛛、蝎子、蜥蜴等多数小动物遇到行军蚁都是赶快躲得远远的，以免引火烧身。但是黑猩猩遇到行军蚁就不会这么做。行军蚁在地面前进，黑猩猩就爬到树上用一根树枝插到行军蚁的队伍里，然后将钓上来的行军蚁吃掉。小黑猩猩一开始不知道这么做，直接蹲在地上抓行军蚁吃，但很快就受不了行军蚁的疯狂进攻和啃咬，不得不赶紧逃走。通过观察学习，小黑猩猩最终学会了成年

图 6-6 行军蚁

黑猩猩吃行军蚁的方法。

五、狗的嗅觉

你知道吗？ 人能嗅出 2 000～4 000 种气味，训练有素的人，甚至能辨别 10 000 种气味。然而在动物界，还有比我们嗅觉更灵敏的，比如狗，它们能分辨大约 200 万种不同的气味。

人类的嗅觉相当敏锐，在 1 立方米的空气中，只要有 1/10 000 毫克的人造麝香，人就能嗅出来。狗不仅能嗅出比人多得多种类的气味，而且具有高度的"分析能力"，能够从许多混杂在一起的气味中，嗅出要寻找的那种气味。所以，有人说狗是靠鼻子生活的动物。

狗的鼻子究竟有什么特殊之处呢？各种动物的鼻子构造大致相同，鼻腔上部有许多褶皱，褶皱上有一层黏膜，黏膜上覆盖着一层黏液，黏膜里藏着许多嗅觉细胞。具有气味的物质分子溶解在黏液里，并刺激嗅觉细胞，嗅觉细胞兴奋之后，就会向大脑皮层的嗅觉中枢发出神经冲动，大脑皮层就产生了味觉。由于狗鼻子里的嗅觉细胞的数量和质量都比绝大多数其他动物的更胜一筹，所以它们辨别气味的能力也更强。

猎人可以利用猎犬敏锐的嗅觉去打猎和追踪猎物，警察利用警犬灵敏的嗅觉侦破案件，科学家从狗鼻子得到启发，仿造出"电子警犬"，用来识别和分析各种可疑的气味。随着人类对狗鼻子更深入的了解，狗敏锐嗅觉背后的机理将在人类的生活中发挥更大作用。

六、关于老鼠的一些知识

你知道吗? 从进化程度上说,老鼠与人有90%的相同基因,是一类高智商动物。在遇到人类设置的种种意在谋取它们性命的"陷阱"时,老鼠所表现出来的成熟和机巧,甚至超过了8岁的儿童。

老鼠(图6-7)是人们熟悉的动物。当想到它们会啃噬家具、糟蹋粮食的时候,人们会对它们痛恨无比;当想到它们聪明机智、活泼机敏时,人们又对它们有了一些喜欢。对生物科学研究者而言,老鼠是不可多得的实验材料,它们因为容易饲养、繁殖迅速、和人亲缘关系较近,可以代替人体进行很多实验。

图 6-7　老鼠

下面关于老鼠的一些知识,可以帮助大家更清楚地了解它们。

分布最广的老鼠是褐家鼠,又称沟鼠,由于具有偷乘轮船的本领,几乎在世界各地都能见到它的身影。

老鼠的门齿每年长52~65厘米。如果不让它们磨牙,它们就会因为牙的疯长而无法张口进食。虽然长得快,老鼠的牙却很容易磨损,为了使自己的牙保持一个合适的长度,老鼠只得不断啃咬接触到的一些硬东西,包括水泥、砖、木头、电线等。

老鼠的繁殖能力极强。如果遇到食物充足、空间足够的理想环境,一只雌鼠一年要受孕几次,每次8~10胎。俗话说:一公加一母,一年两百五。

老鼠行动机警灵活，怕人，喜欢在窝—食物—水源之间建立固定路线，以避免危险。老鼠有很强的记忆性和拒食性。熟悉的环境改变一部分，会立即引起它们的警觉，使它们不敢向前，在经过反复熟悉后它们才敢在新环境里活动。如果在某处受过袭击，它们会长时间回避此地。

老鼠适应环境的能力极强。在沙漠等干旱地区的老鼠，可以长时间不喝水，有的种类甚至可以终生不喝水，仅靠食物中的那点水来维持生命。在食物上，老鼠也表现出了特别强的适应能力。它们食性很杂，从五谷、蔬菜、植物根茎，到肉类、皮骨甚至人类的皮鞋，即使是像蛇、蝎一类有毒的动物，它们也照吃不误。在世界上许多地方，都发生过群鼠与毒蛇相斗，最后咬死毒蛇，吞食蛇肉的现象。

老鼠的免疫力也特别强。许多能致人或其他动物于死地的恶性细菌和病毒，老鼠却不会感染。这就是有些老鼠虽然生活在那么肮脏污浊的环境中，却很少患病的原因。

并不是所有的老鼠都和人有利益冲突，很多种类都生活在偏僻的环境中，如沼泽地和热带雨林。有些种类的老鼠甚至面临着灭绝的危险，亟待人类保护。

七、世界上最高的动物——长颈鹿

你知道吗？ 在辽阔的非洲草原上，生活着世界上最高的动物——长颈鹿。长颈鹿怎么获得食物，怎么抵御狮子的猎杀呢？它为什么要长那么高的个子呢？

长颈鹿（图 6-8）是非洲特有的一种动物，生活在稀树草原和森林边缘地带。长颈鹿营集群生活，但组织较为松散，有时也和斑马、鸵鸟、羚羊混群。长颈鹿一般在早晚出来觅食，主要吃各种树叶。它特别耐渴，很少喝水，嗅觉、听觉非常敏锐，生性机警、胆子很小，站着睡觉，以便遇到危险时可以 56 千米/时的速度快速奔跑。平时，长颈鹿走路慢条斯理、优雅大方，步履与众不同，是左前肢、左后肢与右前肢、右后肢交替前进。繁殖期不固定，孕期 14～15 个月，每胎产 1 仔，3.5～4.5 岁性成熟，寿命约 30 年。

图 6-8　长颈鹿

　　长颈鹿是陆地上最高的动物。最高的雄性长颈鹿身高可达 6 米，脖子长达 3 米。成年雄性体重可达 2 吨。长颈鹿的颈椎数和其他哺乳动物的一样，都是 7 块，只是它的颈椎骨比一般动物要长很多。长颈鹿不仅脖子长，腿也长。这样才能让它够到最高处的树叶。此外，它的舌头也特别长，可以超过 40 厘米，能轻易地将树叶等食物卷进嘴里吃掉。长腿和长脖子给它带来最大的不便是喝水困难。长颈鹿需要叉开前腿或跪在地上才能喝到水。这时，长颈鹿很容易遭到狮子等天敌的捕杀。

　　最初发现长颈鹿的时候，人们对它那高高的个子和长长的脖子感到惊奇，它的长脖子甚至引发了生物学家对生物进化的争论。让-巴蒂斯特·拉马克解释说，长颈鹿的祖先生活在非洲草原上，遇到干旱季节，为了吃到树顶的树叶，就努力伸长脖子，经过努力，这头长颈鹿的脖子伸长了，而它的长脖子变异是可以遗传的，于是它的下一代也拥有了长脖子，再遇到干旱，下一代再努力伸长脖子吃树叶，脖子又伸长了一些，这种变异逐渐积累并遗传下去，就形成了今天的长颈鹿。这就是获得性状能够遗传的理论。达尔文则认为，长颈鹿的祖先存在着差异（变异），有脖子长一些的，也有脖子短一些的。遇到干旱季节，干旱的环境选择了脖子长这种变异，使这种类型的在生存斗争中获得胜利生存下来，脖子短的类型则由于吃不到高处的树叶而饿死（被淘汰）了。脖子长的后代还可以产生变异，有脖子更长的类型，也有脖子较短的类型，脖子更长的类型在更严重的干旱环境中生存了下来，其他的被淘汰了。经过一代又一代的自然选择，就形成了今天的长颈鹿。今天人们普遍认为达尔文的解释是正确的，拉马克的获得性状能够遗传的说法是错误的。

长颈鹿站立时，头高出心脏 2.5～3 米，为了确保新鲜血液能够输送到头部，它的心脏泵压可达 300 毫米水银柱，是一般哺乳动物的 2～3 倍，是天生的"高血压"。这么高的血压如果换成一般动物，立即会得脑出血死亡，而长颈鹿却通过长期的进化适应了这种高血压，不仅平时站立时安然无恙，即使在饮水时将两条前腿大幅度叉开，头部低于心脏的位置，在高血压加上重力的影响下，也能够泰然自若。原来长颈鹿的颈部有许多缓冲血压的小动脉网络，使它在低头时血液到达头部时的压力不会太高，而且当它低头时，颈动脉会自动关闭，使流向脑部的血液也随之减少，这保证了它脑部的血压不会突然升高。另外，长颈鹿紧绷在身上的皮肤也能帮助它控制血压。

由于长颈鹿的面部肌肉比较少，没有表情肌，所以在我们看来它总是一副漠视一切的样子。在草原上，狮子是长颈鹿最大的天敌。但成年长颈鹿的 4 条长腿可以让它高速奔跑，所以多数情况下狮子只能猎杀那些未成年的小长颈鹿。只有在实在没有别的指望的时候，狮子才会群体协作去猎杀成年长颈鹿，这时狮子需要冒随时被长颈鹿的硬蹄踢碎骨头的危险。

八、最大的有袋动物

你知道吗？ 在动物界，母亲对幼崽的保护措施多种多样。雌虾会将卵和幼虾携带在游泳肢间的缝隙里，母猴常把幼崽背在背上，母狼在紧急时刻会把幼崽叼在嘴里。还有一类动物，常常把幼崽装在身上的育儿袋里，这是一种特殊的适应。

世界上现有约250种有袋动物，其中约170种产于澳大利亚及其附近岛屿。澳大利亚出产的有袋动物，已经高度适应大洋洲的生态环境，所以澳大利亚被称为"有袋动物之国"。

在有袋动物中，最大的要数大袋鼠（图6-9）了。大袋鼠属于有袋目袋鼠科大袋鼠属，共有14种。成熟的雄性大袋鼠，站起来可超过2米，比一般的人还高；体重将近90千克，也比人重；从鼻尖至伸直的尾尖直线长度将近3米。大袋鼠在野外靠后肢跳跃，所以后肢高度发达，为前肢的5～6倍长。前肢细短，平时不接触地面，只有在吃草时才着地。它们用力一跳，能够跃过2米高的篱笆或7米宽的壕沟。大袋鼠有一条粗长的尾巴，最长的可达1.3米。休息时，它们用后肢和尾巴支持身体，构成稳定的"三条腿"；跳跃时，长尾巴保持身体平衡。

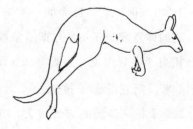

图6-9　大袋鼠

　　大袋鼠白天休息，黄昏出来觅食。它们是植食性动物，在森林、草原、灌丛都能发现它们的身影。大袋鼠有时会把公路上往来的车辆当作天敌来袭，会成群跳到公路上撞击汽车。经常有小汽车被它们撞翻，也经常有大袋鼠被汽车撞伤或撞死。所以，澳大利亚的一些公路旁会竖起画有大袋鼠的牌子，提醒过往司机注意。

九、最大、最重的动物

　　你知道吗？ 在陆地上生活的动物，就要涉及支撑体重的问题，所以特别重的非常少。在中生代，最重的恐龙是阿根廷龙，最大身长42米，体重超过90吨。在我国发现的马门溪龙，长约22米，重约55吨。由于体重过大，这些恐龙每天摄食超过20小时，行动迟缓，终生站立。现代最重的陆地动物是非洲象，重约6吨。在水中生活的动物，可以靠水的浮力托起身体，不涉及支撑体重的问题。所以，地球上最大的动物在水中，它就是蓝鲸。

　　现代，地球上最大、最重的动物，是生活在海洋中的蓝鲸（图6-10）。据记载，最大的一头蓝鲸，体长达34米，体重为190吨。它的体重相当于30头非洲象或3 000个人。一条舌头就重3吨，相当于半只大象。心脏有0.5吨，血液有8吨，一只鳍的长度就有4米，把它的肠子拉直，有200～300米长。蓝鲸的力气极大，相当于一个中型火车头的拉力。别看蓝鲸体形庞大，它在海里游起来也是很快的！蓝鲸通常会以20千米/时

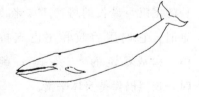

图 6-10　蓝鲸

的速度前进，在冲刺时可以达到 50 千米/时。

　　蓝鲸虽然生活在大海里，但它是哺乳动物，和陆地上的狮子、老虎等动物一样，用肺呼吸，所以会时常露出海面（大概间隔 15 分钟），呼吸新鲜空气。它的鼻孔和陆地上的兽类不同，没有鼻壳，鼻孔长在头顶上。个体大的蓝鲸，肺有 1 吨多重，能容纳超过 1 000 升的空气，可以不必经常浮到海面上来呼吸。蓝鲸呼气时会把附近的海水卷出水面形成喷泉一样的高达 10 米的水柱，同时发出响亮的声音。人们据此可以在大海上发现它的踪迹。

　　蓝鲸的嘴巴里有两排像筛子一样的板状须，肚子里还有很多像手风琴风箱一样的皱褶。在进食时它将海水、小鱼、小虾（主要是磷虾）、水母以及各种浮游生物一起吞下，然后再一闭嘴，将海水从须缝间排出，滤下的食物则被吞下。蓝鲸栖息的海湾都有大河入海，河水带来了丰富的饵料，使这些地方有大量的浮游生物，这使蓝鲸有丰富的食物来源。蓝鲸的食量特别大，每天要消耗 2～5 吨食物。如果肚子里的食物少于 2 吨，它就会感到饥饿。

　　蓝鲸白天在水深超过 100 米的深水区觅食，晚上会到海面觅食。多数蓝鲸都喜欢独来独往，但有时它们也会集结成 50 头左右的大群。它们之间怎样交流信息呢？研究表明，蓝鲸能发出比喷气式飞机的声音还大的超过 180 分贝的声音，每次 20 秒左右。蓝鲸通过声音来求偶、觅食和传递种群里的其他信息。

　　蓝鲸在冬季繁殖，每次产一到两头幼鲸。幼鲸出生时体重就超过 2 吨，体长超过 7 米。为了让幼鲸顺利呼吸，母鲸会把幼鲸托出水面让它呼吸第一口空气。由于幼鲸没有能动的嘴唇吸吮乳汁，母鲸会凭借肌肉收缩将乳汁直接喷射到幼鲸的嘴里。蓝鲸的乳汁营养极为丰富，脂肪含量为牛乳的 10 倍，所以幼鲸发育非常迅速，8 个月就可以长到 15 米，超过 20 吨，可以自己觅食生活了。蓝鲸 8~10 岁时成年，寿命最长可达 100 岁。

蓝鲸由于体形巨大，目标突出，很容易被人类猎杀。日本、挪威、冰岛等国家都有捕鲸船。20 世纪初的时候，蓝鲸的数量还非常多。由于多年的大量捕杀，再加上海洋环境污染等因素，蓝鲸的数量锐减，处于濒危状态。

十、最能睡的动物

你知道吗？ 鸟类与哺乳动物或多或少地都需要睡眠休息。马、牛、驴、象等动物一天只需睡上三四小时，人每天则需要睡 8 小时左右。有很多动物用类似睡眠的方式度过食物稀少的严冬，如棕熊和蛇。在所有冬眠动物中，最能睡的就数睡鼠了。

睡鼠的外形很像家鼠，但它们和松鼠的亲缘关系更近。世界上的睡鼠有 7 属 15 种，我国有 2 属 2 种，主要分布在新疆北部的阿勒泰一带。睡鼠都有冬眠的习性，尤以产于英国的睡鼠冬眠时间最长。

睡鼠主要营树栖生活，是一类小型啮齿类动物，体长 10 厘米左右，尾长和体长差不多。背部一般呈赤褐色或灰褐色，腹部灰白色或白中带黄，尾巴扁而蓬松。

小型啮齿类动物的寿命一般很短，有的只有几个月，我们常见的家鼠的自然寿命只有 2 年左右。而睡鼠的寿命长达 5 年，这有什么秘诀吗？科学家经仔细研究发现，它们长寿的秘诀就是睡觉。

睡鼠的一生多数时间(接近 3/4)都在睡觉。在一年四季里，睡鼠只在夏季出来活动，秋季、冬季、春季都在冬眠。入秋之前，成年睡鼠的体重只有 15～22 克。秋天到了，它们摄入大量的榛果、黑莓以及各种树木的果实，体重迅速上升到 25～40 克。体内储存了充足的脂肪之后，睡鼠就躲进巢穴开始冬眠了。一种英国睡鼠的冬眠时间可达 7 个月。在这段时间里它的呼吸几乎停止，不吃不动，身体也变得僵硬，不论外界环境多么嘈杂，依然酣睡。第二年 5 月初，睡鼠才醒来。晚上，它们从松软的巢穴爬出来，进食植物花朵和嫩芽，也吃各种植物果实和昆虫，有时也偷吃鸟蛋。天亮了，睡鼠就赶紧回到窝里继续酣睡。

随着体力逐渐恢复，睡鼠开始寻找配偶。交配之后母睡鼠就会到灌丛里或大树上用树叶和咬碎的树皮建造一个葡萄串大小的窝。母睡鼠一次会产下 4 只小睡鼠，最多可达 7 只。在以后的 2 个月里，它用乳汁哺育孩子，并看护着它们顺利成长。

睡鼠一年只繁殖 1～2 次，在自然界里算是繁殖能力较差的动物。近年来由于人类的侵扰，很多睡鼠没有摄入足够多的能量就饿着肚子开始漫长的冬眠，大部分都死掉了。再加上天敌捕食、人类捕捉，野生睡鼠已经非常少见了。在大城市的宠物市场上我们还能见到它们的身影，售价高达每只 700 元，多数是人工繁育的。

在欧洲，人们已经展开了保护睡鼠的行动。他们为睡鼠建造了供其冬眠的小箱子，也不再砍伐农田之间的灌丛，从而让睡鼠拥有更多的摄食和活动空间。希望这种享受睡眠的动物能长期与我们和平共处。

第七章　动物的进化

一、动物的现在与过去

你知道吗？ 每一种动物都是经过漫长的地质年代进化来的。令人难以置信的是，现代动物的模样与它们的祖先大不一样，许多大动物的祖先竟然是一些矮小的"侏儒"。

现代马的远祖叫始祖马。根据埋藏始祖马化石的地层来推算，始祖马生活在始新世早期至中期温暖、潮湿的草丛和灌丛中，它们像现代狐狸一样大小，背部弯曲，身体灵活，前肢有发达的四趾。始祖马由于身体较小，灌丛里又有很多障碍物，它就用隐蔽、躲藏的方式逃避敌害。后来，地壳变迁，地球气候不断发生变化，始祖马的生活环境也改变了，它也不断朝着适应环境的方向进化。在较晚一些的地层里，人们发现了马的较近祖先——三趾马的化石(图 7-1)。三趾马生活在辽阔的草原上，这里没有明显的隐蔽物供动物们躲藏。长期的自然选择使植食性动物出现了两个分支，一种适应了地下穴居来逃避敌害，一种学会了快速奔跑来逃避敌害，三趾马成了后者。要实现快速

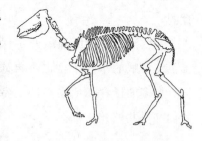

图 7-1　三趾马化石复原图

奔跑，动物的体形就不能太小，所以三趾马的躯体比始祖马大了一些。前肢只有三趾，中趾发达，并且变成了唯一着地的趾。这使得三趾马的奔跑速度大大提高了。在以后的进化史中，马再也没有离开辽阔的草原。三趾马以后的化石证实，马的躯体逐渐变得高大，中趾的趾端形成了硬蹄，两侧的趾变成了遗迹，称为痕迹器官。这种演化方向使马更适于在草原上奔跑。这样，马从高30厘米左右的始祖马进化成了现在高1.5～2.0米的现代马。

犀牛最早的祖先——跑犀(图7-2)，也是野兽中的"侏儒"。跑犀生活在4 000多万年以前，身高与现代的狗和羊不相上下，有较长的四肢，善于奔跑。虽然现代犀牛也比较善跑，但与它的祖先相比差别非常大。跑犀的脖子比较长，头上没有珍贵的犀角，这些都与现代犀牛截然不同。

那么，是不是动物都是越进化体形越大呢？当然不是。由于环境不断变迁，生存斗争越来越激烈，向着身材矮小方向进化的动物更多。比如在非洲草原的干旱季节，野猫的生存就比狮子容

图 7-2 跑犀

易。从自然选择的原理来看，每一种环境都有"允许"其中的动物数量所能达到的最大值，因为环境中的资源和空间是有限的。如果环境发生了剧烈的变化，不足以提供足够的食物，则会导致体形大的动物灭绝。那是不是体形越小就越有利于生存呢？这也不对。在广阔的草原上，植食性动物要么向体大力强的方向发展，使肉食性动物很难捕食，要么向灵巧快跑的方向发展，要么适应穴居隐蔽生活，这才出现了形形色色的草原动物。

现代动物与它们的祖先不仅存在体形上的差异，由于地球环境不断变化，动物们的栖息地也古今有别，它们的身体结构发生了朝着适应环境的不同方向的进化。例如，现代马的祖先生活在灌丛里，后来迁移到草原上才向适于快速奔跑的方向进化。所以，我们看到的现代动物，是通过长期的自然选择，经过漫长的地质年代进化来的，是与它们生存的环境相适应的结果。

二、大熊猫濒临灭绝的内在因素

你知道吗？ 地球上曾经生活过的生物大概有 40 亿种，其中绝大多数都早已灭绝了。现在，由于人为破坏和环境污染加剧，物种灭绝的速度空前加快。根据联合国环境规划署的报告，全世界平均每天就有一种动物灭绝，平均每一分钟就有一种植物灭绝，超过地球物种自然灭绝速度近千倍。

大熊猫（图 7-3）学名猫熊，是我国一级保护动物，是中国的国宝。之所以得到这样的待遇，可不是因为它长得憨态可掬，而是因为它稀少。得益于有效保护，2016 年大熊猫的濒危等级从"濒危"降为"易危"。那么，导致大熊猫濒临灭绝的原因除人类的影响与破坏以外，与它自己有没有关系呢？

图 7-3　大熊猫（任维鹏绘）

在物竞天择、适者生存的大自然里，什么样的动物才能生存下去呢？这是个不好回答的复杂问题，每种动物都有自己适应环境的特点和生存秘籍。一般说来，动物要生存下来至少要具备以下特点中的某几个。

一是有强健的肌肉，有锐利的爪或锋利的牙齿，如猎豹、狮子、鹰等。这样的动物是位居食物链顶端的肉食者。它们能通过强健的肌肉迅速地捕捉猎物，并通过锋利的爪或牙齿使猎物毙命，然后将其吃掉。

二是有快速奔跑的能力，如羚羊、鹿、斑马等。这类动物属于植食性动物，它们通过快速的奔跑逃避敌害，或到很远的地方觅食。

三是有挖洞穴居的习性，如田鼠、野兔等。这类动物也属于植食性动物，它们通过洞穴保护自己，繁育后代。

四是有爬树（在树上生活）的本事。它们通过树栖攀缘躲避伤害，储存食物，如猎豹；或通过在树枝间来回跳跃躲避敌害，如长臂猿；或在树上筑巢繁育后代，保证后代的安全，如很多鸟类。

五是有很强的繁殖能力。最典型的例子是老鼠，其他动物都在人类的捕杀或影响下大受影响，有的甚至灭绝了，唯有大多数老鼠还是数量众多，很大一个原因是它们有超强的繁殖能力。母鼠满 6 个月就有了生殖能力，一窝能产下 8 至 10 只小鼠。在食物充足的情况下，一只母鼠一年可受孕数次，这样累计下来，一只母鼠一年可以繁殖大约 200 只小鼠。

六是有很杂的食性。很多动物都在进化中形成了非常杂的食性，只要是有营养的就能吃。还说老鼠，它们的食性就很杂，凡是人爱吃的东西，不管酸、甜、苦、辣，老鼠也都能吃。而且老鼠有很强的记忆性、拒食性。对于熟悉的环境，老鼠发现稍有改变就会立刻警觉起来，受过袭击会长期回避此地。

七是有很好的消化吸收能力。在长期的进化中，动物都进化出一副好肠胃，能把食物中的营养吸收得非常干净，仅剩下一点食物残渣作为粪便排出去。

　　现在让我们来看看大熊猫吧。它具备以上 7 点中的哪一点？哪一点都不具备！在动物学上，大熊猫属食肉目，熊科的一个亚科。它的祖先是一种凶猛的肉食性动物。可我们看到今天的大熊猫一副懒洋洋、温顺可人的样子，见了谁，不论是多么可怕的动物都不知道害怕，这在弱肉强食的大自然里是多么可怕的一件事啊！它还保留有爬树的本领，但凭它的速度我们就知道，那也仅仅是饭后的消遣了。进化到今天，大熊猫的食谱已经非常特化了，以竹子为主食。有人曾经将肉切成细细的像饺子馅一样的肉末喂食大熊猫，结果它的消化系统只能将肉末表面薄薄的一层消化掉。即使是现在它每天都吃的竹子，也只能消化掉一小部分，大多数营养都白白地浪费了。再就是大熊猫的繁殖能力非常差。雄性大熊猫的生殖器特别短小，交配失败的概率很高。而雌性大熊猫的发情期只在每年的 3~5 月，通常不超过 2~4 天，所以经常有雌性大熊猫长达几年不能受孕。大熊猫的妊娠期大约为 5 个月。野外条件下偶尔会有孪生的情况出现，但是雌性大熊猫一般只喂养一只幼崽；圈养种群中，孪生的情况较多。幼崽出生时很小，在幼崽出生几天到一个月后，雌性大熊猫会把幼崽独自留在洞穴中外出觅食。母兽有时会离开两天或者更长时间，使得幼崽死亡率很高，在 40% 左右。

　　所以，我们不难看出，大熊猫对现在的生活环境的适应能力真的很差，它既没有肉食性动物所具备的捕猎能力，也不具备植食性动物快速奔跑的能力，又不会挖洞穴居保护自己，食性单一，消化能力差，繁殖能力低。这一切就是它濒临灭绝的内在因素。

三、复活猛犸象

你知道吗？ 最后一只猛犸象大概消失于 4 000 年前，在西伯利亚的冻土层里，人们还发现了古代猛犸象的尸体。获取猛犸象的基因相对容易，复活这种离我们最近的史前大型动物是很多人的愿望。

在宽广无垠的西伯利亚和阿拉斯加冻土层里，人们不止一次地发现一种现代象的近亲——猛犸象（图 7-4）的带皮肉的尸体。在西伯利亚北部冻土层里，曾经发现了 25 具被冷冻而保存完好的猛犸象尸体，它们像被保存在冷库里的食物一样，一点也没有变质。最后一批猛犸象在大约 4 000 年前死亡，也就是埃及人建造金字塔的时代。

图 7-4 猛犸象

人们通过研究发现，猛犸象曾经是世界上最大的象。它身高体壮，有粗壮的腿，脚生四趾，头特别大，在其嘴部长出一对弯曲的巨大门齿。一头成熟的猛犸象，身长达 5 米，体高约 3 米，门齿长 1.5 米左右，体重可达 8 吨。猛犸象夏季以禾本科和豆科的草本植物为食，冬季草本植物枯死，它就以灌木、树皮为食，以群居为主。它身上披着黑色的细密长毛，皮很厚，有厚达 9 厘米的脂肪层，具有极强的御寒能力。与现代象不同，猛犸象并非生活在热带或亚热带，而是生活在严寒的北方，曾分布于亚欧大陆北部及北美洲北部更新世晚期的寒冷地区。我国东北地区、山东半岛以及内蒙古、宁夏等地也曾发现过猛犸象的化石。

曾经在地球上显赫一时的猛犸象，为什么突然灭绝了呢？

有美国古生物学家认为，猛犸象是由于冰河末期的气候变化而灭绝的。他发现在冰河时代，冬夏之间的温差要比现在小得多。冰河期结束后，季节之间的温差变大，有些动物适应了这种气候的变化；有些动物不适应这种变化而迁徙；有些动物则从此灭绝，猛犸象就是其中的一种。猛犸象完好的尸体为这一观点提供了证据。

有另外的美国生态学家则认为，是人类的捕杀导致了猛犸象的灭绝。其根据是：在一些发掘出猛犸象化石的地方，同时发现了一些人类使用的石器；在一些猛犸象的化石上，仍然还戳着石头制成的矛尖……有美国地质学家还发现，人类的迁徙路径类似一个宽大的波浪向前推进，而猛犸象灭绝的路径也是一个与之相伴的宽大波浪。这可以说明，人类从西伯利亚到阿拉斯加，再到落基山脉，再向南及向东推进，在这个大迁徙的过程中杀尽了沿途的猛犸象。科研人员在乌克兰考古研究时发现，有一座古人类居住的房子竟然是由约 22 吨象骨建成的。这可以说明，猛犸象不仅是当地居民的主要食物来源，它的骨头还是宝贵的建筑材料。这也说明，相对于当时人们的捕杀能力，猛犸象显得多么弱小。

此外，还有人提出不同的看法：有人认为是火山突然爆发，引起极度猛烈的狂风，使猛犸象速冻而死；有人认为是大量彗星尘埃进入地球大气上层空间，导致地球上最近一次冰期的到来，此时海洋把热量传给陆地，引起了真正的冰"雨"，由此猛犸象灭绝……

一直以来，各国的科学家始终致力于猛犸象的研究，并希望有一天能利用现代克隆技术将猛犸象复活。目前科学家已经基本完成猛犸象所有基因密码的破译工作，为复活猛犸象提供了必要的基因基础，但还有很多难题需要解决。首先要获得带有完整基因的猛犸象的细胞核，然后将这个细胞核移植到猛犸象近亲，如非洲象的去核卵细胞里，再通过动物细胞培养技术手段让这颗卵发育成早期胚胎。把这个胚胎移植到非洲象的子宫里让它发育，最终就可以得到猛犸象了。以目前的技术手段，复活猛犸象已经不再是不可逾越的问题了。

在西伯利亚一处大约 130 平方千米的保护区，科学家通过恢复冰河时期末远古草原以及克隆复活猛犸象等部分远古灭绝物种，即"更新世公园"计划，重现猛犸象所存在的冰河时期的生态环境，力图抵御未来可能的气候变化。

四、沧海桑田的演化——化石浅谈

你知道吗？ 地球诞生大概有 46 亿年了，有生命的历史接近 36 亿年。我们如何知道某种生物曾经存在过？如何了解那些已经灭绝了的生物的信息？化石就是古代生物留给我们的标本，是古代生物存在过的标志，是地球生命演化史的石头书。

什么是化石？

化石是埋藏在地层中的古代生物的遗体、遗迹或遗物，如恐龙的骨骼化石、恐龙的足迹化石、古人类留下的饰物、灰烬等。生活过去的生物体的坚硬部分，如动物的骨骼、牙齿、硬壳，植物的叶、茎干，都可以经石化作用而形成化石。也有些罕见的化石，如西伯利亚冻土层中的猛犸象、在煤层的琥珀中所含的昆虫等，由于软体完全埋没于地层中，形成毫无石化的古生物遗体，仍然称为化石。

化石是怎么形成的？

古代动物死后，尸体的内脏、肌肉等柔软的组织很快便会腐烂，牙齿和骨骼因为有机质较少、无机质较多，能保存较长的时间。如果尸体恰好被泥沙掩埋，与空气隔绝，腐烂的过程便会放慢。泥沙空隙中有缓慢流动的地下水。水流一方面溶解岩石和泥沙内的矿物质，另一方面将水中过剩的矿物质沉淀下来，或成为晶体，或随着水流逐渐渗进埋在泥沙中的骨内，填补牙齿和骨骼有机质腐烂后留下的空间。如果条件合适，由外界渗进骨内的矿物质在牙齿和骨骼腐烂解体之前能有效地替代骨骼原有的有机质，牙齿和骨骼便完好地保存成为化石。由于化石中的大量矿物质是极为细致地慢慢替代其中的有机质，所以能完整地保存牙齿和骨骼原来的形态，连通过电子显微镜才能看清的组织形态都能原样保存。日久天长，骨骼的质量不断增加，由原来的牙齿和骨骼变成了还保存牙齿和骨骼原有的外形和内部结构的石头，这个过程被称作"石化过程"。

除了牙齿和骨骼外，有的动物的粪便也能形成化石。例如，有的肉食性动物吃肉时是连着碎骨一起吞下的，粪便里有许多没有被消化掉的碎骨，碎骨不容易腐烂，所以也能成为化石。脚印也能形成化石。人或动物踩在泥沙上，形成脚印。泥沙干后，脚印又被另外的物质填满。两种物质都被后来渗进去的矿物质石化后保存下来，但是两种物质的性质不同、软硬不同，容易风化或破坏的程度也不同。一种物质被风化或破坏后，另一种物质便表现为脚印化石。

化石能说明什么？

人们通过对化石的研究发现：在越早形成的地层里，成为化石的生物越简单、越低等；在越晚形成的地层里，成为化石的生物越复杂、越高等。这不仅证明了现在地球上每一种生物都是经过漫长的地质年代进化来的，也证明了生物从简单到复杂、从低等到高等、从水生到陆生的进化次序。所以古生物化石的存在，直接证明了达尔文进化论的正确性。

此外，人们通过对化石的研究，还可以得到关于各个地质历史时期生物、环境的很多信息。例如，通过对众所周知的"北京人"头盖骨化石的研究，人们发现"北京人"的嘴部比较突出，这就可以说明他们的手还不够灵活，很多食物还得靠用嘴直接啃食，也可以说明他们的大脑还不够发达。通过对古人类留下的动物骨骼化石的研究，不仅可以知道他们都吃了什么，还可以通过对这些动物的生活习性的分析，推测当时的气候条件等，从而使人们对古代地球的生物、环境有比较全面的认识。所以，可以说化石是帮助我们了解地球过去的一部浩瀚的石头书。

五、动物消化的进化

你知道吗？ 在竞争激烈、适者生存的大自然里，各种动物都有自己的消化方式。纵观动物消化方式的进化，也可以看出整个动物界的进化历程。那么，动物都有哪些消化方式呢？各种消化方式是怎样进化的呢？

变形虫、草履虫：细胞内消化

单细胞动物如变形虫没有专门负责消化的结构，既没有专门摄食的口，也没有专门排遗的肛门。当遇到食物颗粒时，变形虫通过细胞质的流动发生变形，形成食物泡，在食物泡里将食物颗

粒逐渐消化，最后再把剩余的
残渣通过小泡由质膜排出。草
履虫（图 7-5）则通过一个类似于
口的胞口吞进食物颗粒，再形
成食物泡消化，最后由相当于
肛门的胞肛把食物残渣排出。

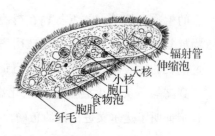

辐射管
伸缩泡
大核
小核
胞口
食物泡
胞肛
纤毛

图 7-5　草履虫

　　这种细胞内消化是最原始的消化方式，它的首要缺点是不能
消化过大的食物颗粒。而且，因为食物直接进入体内，食物的种
类也大受限制，有些对高等动物很正常的食物，对变形虫、草履
虫这样的单细胞动物却成了毒物。

水螅：有口无肛门，有了消化腔

　　随着进化，生物逐渐由单细胞动物演化出多细胞动物，到腔
肠动物阶段，就演化出了可以摄食的口。只是腔肠动物的口兼有
摄食和排遗功能，所以它们是没有肛门的。从消化方式上看，腔
肠动物属于兼有细胞内消化和细胞外消化的中间过渡类型。最常
见的腔肠动物是水螅，它们的体壁由两层细胞构成，内层多数细
胞能进行细胞内消化，少数细胞能向体腔内分泌消化酶。水螅吞
食食物颗粒后，小一点的食物颗粒可以进入细胞进行细胞内消化，
大一点的食物颗粒则在体腔中进行细胞外消化。由于水螅没有肛
门，剩余的食物残渣由口排出。对水螅来说，消化的食物数量显
然提高了，但由于有细胞内消化，食物的种类仍会大大限制它们
的分布与生存。

涡虫：有了消化管，却有口无肛门

　　动物在进化到扁形动物（常见的是涡虫）时，有了专门负责消
化吸收的消化管。涡虫的咽吸住食物后，肠即分泌消化液，将食

物溶解，再吸入肠内，进行消化。由于涡虫没有肛门，不能消化的食物残渣仍由口排出。

蛔虫：有了真正的消化管

从蛔虫（图7-6），即线形动物开始，消化管有口和肛门两个开口，食物经口、咽、肠、直肠，再由肛门排出，使消化和吸收后的食物不再与新进入的食物相混合，这样专门负责消化、吸收的消化管分工更明确，功能更完善，在进化上有很大的意义。但线形动物还没有进化出循环系统，只依靠初生体腔运输养料，效率很低，在动物界仍属于低等类型。

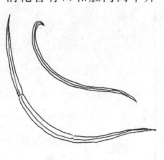

图7-6 蛔虫

脊椎动物：有了消化系统——消化管和消化腺

脊椎动物（高等动物）有了由消化管和消化腺组成的完善的消化系统。消化管负责食物的消化和吸收，消化腺分泌消化酶促进食物的分解消化。例如，人的消化管要完成如表7-1所示的消化过程。

表7-1 人的消化管及主要消化过程

消化管部位	物理性消化	化学性消化
口腔	通过牙齿咀嚼、磨碎食物	唾液里的淀粉酶会初步消化淀粉
咽	将食物聚成团块，送入食道	因为时间很短，化学性消化有限
胃	通过蠕动将食物进一步磨碎，形成食糜	胃蛋白酶将部分蛋白质分解成多肽

消化管部位	物理性消化	化学性消化
小肠	通过蠕动，将食糜中的食物颗粒进一步变小	肝脏分泌的胆汁会乳化脂肪，使脂肪变成微粒，令脂肪能充分和消化酶接触。小肠分泌的肠液、胰腺分泌的胰液会使脂肪进一步消化成甘油和脂肪酸。蛋白质、多肽等被消化成氨基酸；淀粉、麦芽糖等进一步消化成葡萄糖
大肠	吸收食物残渣中的水分，形成粪便	一些微生物将食物残渣进一步分解，产生维生素等营养物质
肛门	没有物理性消化功能，控制排便	没有化学性消化功能，控制排便

　　进化至此，细胞外消化才真正完善了。有了完善的消化系统，动物才能利用尽可能少的食物获得尽可能多的能量。动物从摄食中解放出来，也促进了动物的整体进化。由于不同动物处于不同的环境中，它们向不同的方向演化，消化系统也出现了众多的适应类型。例如，牛适应反刍活动有了 4 个胃，鸟类进化出了磨碎食物的砂囊等。

第八章　动物对环境的适应

一、动物的眼睛

你知道吗？ 眼虫的细胞上有眼点，能感受环境中的光线变化。涡虫和文昌鱼有能感受到光线方向的感光细胞，较高等的动物才有专门观察周围环境的眼睛。

眼睛的出现，是动物适应环境的结果。眼睛能使动物趋利避害，适应环境的变化。经过漫长的演化，动物的眼睛也千姿百态，各种各样。很多动物的眼睛在某些方面早已超越了人类。

苍蝇的眼睛

苍蝇的眼睛占头部的比例很大（图8-1），我们常看到的"红头"苍蝇的"红头"其实是它的一双红色复眼。人的眼睛是球形的，苍蝇的复眼却是半球形的。蝇眼不能像人眼那样转动，但观察范围可达350°，而人眼在头不转动时的观察范围只有180°（尽管眼睛可以转动，大家可以试试）。

图 **8-1**　苍蝇的头部

苍蝇的一只复眼一般有 3 000 多只小眼，一双蝇眼就有 6 000 多只小眼。每只小眼都自成体系，都能单独看东西。那么，苍蝇长这么多眼睛是不是浪费呢？当然不是，蝇眼能看清楚快速移动的物体，一般说来，人眼要用 0.05 秒才能看清楚物体的轮廓，而蝇眼只要 0.01 秒就行了。所以，我们在夏季打苍蝇时总是刚刚挥动苍蝇拍，苍蝇就立刻逃之夭夭了。蝇眼还是一个天然测速仪，苍蝇能据此随时测出自己的飞行速度，因此能够在快速飞行中追踪目标。根据这种原理，人们研制出了测量飞机相对于地面速度的电子仪器，叫作"飞机地速指示器"，能让飞行员更好地找到地面目标。人们还根据苍蝇的眼睛制造出蝇眼照相机，用于拍摄快速运动的物体，也可用于邮票印刷的制版工作。

蛙的眼睛

蛙的眼睛非常特殊，平常看动的东西很敏锐，可看静的东西却很迟钝。只要虫子在飞，飞得多快、往哪个方向飞，它们都能分辨清楚，还能判断什么时候出击能把虫子准确地逮住。但物体一旦静止，它们就几乎"目中无物"了。蛙眼有 4 种感觉细胞，分别负责辨认不同的事物。蛙看东西，先显示出 4 种不同的感光底片，接着将 4 张图像重叠在一起，得到透明的立体感图像。一旦有苍蝇之类的小昆虫从眼前飞过，立刻就会被蛙识别出来。

蛙的眼睛还存在球面相差问题，来自远处的光线在蛙的眼睛里成像时会形成一个面，所以蛙看不清远处的物体。此外，蛙的眼睛还能帮助它们吞咽食物。如果你注意观察，就会发现当蛙吞咽食物时会眨眼，它们的眼睛要缩到头颅中去，用眼睛把食物挤到食道中。

变色龙的眼睛

变色龙的眼睛不但大，而且突出在眼眶之外，像高耸的塔尖，还能垂直转动 90°，水平转动 180°。也就是说，变色龙的眼睛会

"拐弯"。更有趣的是，它们的左右眼能各自独立运动，互不牵制。在同一时间，它们可以左眼向前下方看，右眼向后上方看。（试试你能做到吗。）所以，它们的视觉几乎达到空间上的360°，不论敌人或猎物来自哪个方向，变色龙都能不用转身就看得清清楚楚。至于视力方面，变色龙也是相当出色，它们能在几十米内看到敌人或者猎物。再加上它们那身能随环境改变颜色的"迷彩服"，变色龙绝对是野外生存的高手。

鹰的眼睛

人眼的视网膜上只有一个中央凹，鹰眼的视网膜上有两个中央凹：正中央凹和侧中央凹，它们分布在眼睛的不同区域。鹰通过正中央凹能敏锐地发现前方视野里的物体，通过侧中央凹则能发现鹰头两侧的物体。在鹰头的前方有最敏锐的双眼视觉区，由左右两眼的两个侧中央凹的视野交叠在一起形成，这样，鹰的视野便近似于球形，所以鹰能看到非常宽广的范围。鹰眼的中央凹上视锥细胞的密度约为人类的六七倍，所以鹰眼比人眼看得更远，也更清楚。在几千米的高空，鹰能看清楚地面上活动的老鼠或在草丛中爬行的一条蛇。而且，鹰还能随着自己的俯冲追击不断地调整双眼的焦距，以准确地捕捉猎物。我们看到鹰要么在天空中盘旋，要么端坐山崖，它们并不是在那里休闲看风景，而是正在用自己独特的眼睛搜寻食物呢。

夜视眼

人的眼睛到了漆黑的夜里就会什么也看不到了，但很多动物却视黑夜如白昼。具有这种眼睛的多为夜行性动物，包括狼、虎、豹、猫头鹰等。

猫科动物（虎、豹）和犬科动物（狗、狼）眼球的结构比较特殊。

它们的眼睛能收集极其微弱的光线，当光线透过视网膜到达在眼球后部的虹膜时，被虹膜再次反射到视网膜上成像，这就是夜行性动物在夜晚也能借助微光狩猎的原因。具有这种眼睛的动物普遍具有很强的夜间活动能力，它们能够凭借微弱的光亮看清物体，而从外界看来仿佛是它们的眼睛在发光。

如果没有这种特殊的构造，要拥有能在晚上看清物体的夜视眼也不难，就是让自己的眼睛变得大一些。从眼睛和身体的比例来看，在所有动物中，眼镜猴的眼睛是最大的，它们的每只眼睛的质量都超过了大脑，瞳孔和水晶体都很大。这种结构的眼睛，可以收集极其微弱的光线，使眼镜猴在黄昏时也能在树上奔走跳跃，轻松觅食。在黄昏时，多数动物都休息了，此时眼镜猴外出可以减少被天敌捕杀的危险，这是它们经过长期进化形成的一种适应。由于眼镜猴的眼睛太大，眼球不能转动，所以它们只能看清身体前方的景象。它们的脖子可以灵活转动，这样就弥补了眼睛不能转动的不足。眼镜猴的大眼睛能让它们在黄昏时光线严重不足的情况下看清远处树枝上停着的昆虫，之后它们会通过强有力的双腿跳过体长 40 倍的距离，轻松地将昆虫捉住吃掉。

二、动物和人的牙齿

你知道吗？ 低等动物是没有牙齿的，一些昆虫用口器上的颚片切碎食物。从鱼类开始，动物出现了牙齿。牙齿的出现，使动物摄食的范围大大增加，消化的效果也大大改善。

俗话说，牙痛不是病，痛起来真要命。很多人都有牙痛和治牙的经历。你想过没有，动物为什么没有牙痛症状呢？

　　鱼类属于最低等的脊椎动物，从它们开始，动物出现了牙齿。由于生活环境千差万别，取食范围各不相同，摄食方式多种各样，不同鱼类的牙齿差别很大。我们常见的鲤鱼、鲫鱼、草鱼口中没有牙齿，它们将食物吸到嘴里，再通过发达的咽喉齿将食物切碎或磨碎。鲈鱼的口中有许多细小的牙齿，可以防止被咬住的猎物逃脱。鲑鱼的口中有许多又细又长的牙齿，可以将捕获的小鱼切成非常细小的肉块，就像一台高效的切肉机。狗鱼的牙齿数量多而且极为锋利，让人看了不寒而栗，猎物一旦被咬中，即使侥幸逃脱也会身受重伤。鲨鱼的种类很多，牙齿也各不相同。大白鲨的牙齿像三角形的切刀，上面还布满了锯齿，能瞬间割裂猎物的身体。铰口鲨（护士鲨）是鲨鱼中的另类，它们遇到猎物时，嘴部肌肉和鳃迅速扩张，在嘴的前方产生巨大的吸力，能将 5 千克的鱼瞬间吸入嘴里，再用锯齿状的牙齿将食物磨碎。

　　鳄鱼的牙齿（图 8-2）尖锐锋利，能像钳子一样把食物固定住。在咬住食物进行拖拽的过程中，鳄鱼的牙齿经常脱落，但它们能够很快长出新牙，所以鳄鱼不用担心牙齿坏掉的问题。

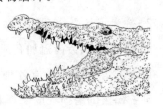

图 8-2　鳄鱼的牙齿

　　鸟类没有牙齿，用圆锥形的嘴——喙来啄食，或者将大的果实或其他猎物处理成小一点的碎块，将整粒或整块食物快速吞下，然后将食物储藏在发达的嗉囊中。食物在嗉囊中经软化后逐步由前胃处理、砂囊磨碎，再由消化系统的其他部分陆续加以消化、吸收。这种不需要牙齿的消化系统，大大减轻了体重，使鸟类更加适应飞翔生活。

　　哺乳动物出现了口腔咀嚼和消化，牙齿的作用也越来越重要了。哺乳动物的牙齿可以分为门齿、犬齿、臼齿。门齿有切割食物的功能，犬齿有撕裂功能，臼齿有咬、切、压、研磨等多项功能，主要是研磨。哺乳动物由于具有发达的牙齿，所能消化的食物的种类和数量大大提高了，消化的质量也空前提高。这使它们可以大大减少摄食数量同时又获得更多的能量。这是哺乳动物成为具有很高代谢强度的恒温动物的基础条件之一。

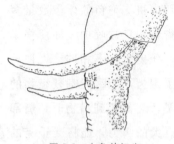

图 8-3　大象的门齿

在竞争激烈的大自然里要获得生存机会，仅有强健的体魄是不够的，还需要能快速制服对手的利器，动物的牙齿就承担了这项艰巨的任务。经过长期的自然选择，肉食性动物、植食性动物、杂食性动物的牙齿向不同的方向演化。大象的门齿（图 8-3）长2～3米，是当今动物界中最长的牙齿。植食性动物（马、牛、鹿、犀牛等）的臼齿齿冠加高成为高冠齿，和它们的食性相适应，臼齿面上的齿尖也特化成各种形态，特别耐磨。人们常常根据植食性动物臼齿的磨损程度来判断它们的年龄。肉食性动物（虎、狼、豹等）的犬齿特别发达，尖利的犬齿就是它们制胜的武器，非常适于撕咬猎物。东北虎的犬齿外露部分长达 7 厘米，可以轻易咬碎动物的颈椎和粗大的腿骨。根据动物的牙齿类型，就可以判断它们的食性和生活环境，也就可以知道它们在食物链中的位置。

在长期的自然选择过程中，牙齿不容易损坏的动物更容易在生存斗争中获得胜利，它们存活下来的机会就大大增加。而牙齿发育不好的动物则逐渐被自然淘汰。通过长期的演化，动物的牙齿是全釉质的，既坚固耐磨，又能防蛀。所以，每天大部分时间都在使用牙齿切割、磨碎食物的植食性动物，爱吃含糖量很高的蜂蜜的熊等都不会患牙病。

人类在进化过程中，由于在与自然的斗争中大脑与四肢高度进化，成为高智商的高级动物，食物从生食到熟食，越来越细软，越来越容易咀嚼和消化，导致牙齿越来越退化。同时，人用高度发达的智慧与其他生物进行生存斗争，再也不用通过与其他动物撕咬来决定胜负，所以人类的犬齿也用不上了。于是，人类的牙齿在进化的过程中退化了，由原始的全釉质牙变为釉质少骨质多的现代牙齿。薄的牙釉质受到酸及细菌的侵蚀容易龋坏，龋坏至牙骨质部分就会引起酸痛等牙敏感症状，龋坏至牙神经就会牙痛，龋坏继续发展，牙齿就会脱落。

牙齿与人的一生关系密切，它不但能切碎食物，还能维持人脸面部的正常形态。清洁牙齿不但可以养护牙齿还可以消除异味，促进人与人之间的交往，能够延长牙齿为人服务的寿命。完好美观的牙齿，靠洁牙进行保健。人在进食以后，会有许多细碎的食物残渣和口腔分泌的黏蛋白共同附在牙齿的表面，不及时清除就会从软垢形成坚硬的结石，结石表面有许多的细菌，不及时清除又会引起牙龈炎及牙周病等，最终会导致牙齿脱落。所以，我们要好好地爱护自己的牙齿。

三、动物的鼻子

你知道吗？ 从鱼类开始，动物有了能感受外界化学刺激的鼻子。鼻子的出现，让动物可以根据气味发现猎物，躲避敌害，寻找适于自己生存的环境。

在漫长的演化中，生物的每个器官适应环境的方式都趋向多样化。动物的鼻子对环境的适应也很好地体现了这一点。很多动物的嗅觉器官进化得相当完善，其中有些种类的敏锐和精巧程度已经远远超越了人类。例如，北极熊可以在几千米之外闻到猎物的气味，狗可以在 100 千米外的地方循着自己留下的气味回家。动物的鼻子可以帮助它们进行通信联络，寻找食物、配偶，辨认自己的幼崽，进行种间识别等。

狗的鼻子

训练有素的人能识别大约 1 万种不同的气味，而狗能分辨大约 200 万种不同的气味。而且，狗还具有很强的分辨能力，能够从许多混杂在一起的气味中，嗅出要寻找的那种气味。人们利用警犬来搜寻罪犯的踪迹，利用缉毒犬来搜寻毒品，就是利用了狗的这种特殊本领。从结构上看，狗鼻子的特殊之处就在于它的嗅觉细胞特别多，连鼻子那个光秃无毛的部分，上边也有许多突起，并有黏膜组织，能经常分泌黏液滋润嗅觉细胞，使其保持高度灵敏。

一般，每立方厘米的空气中含有 268 亿亿个气体分子，只要其中有 9 000 个油酸分子，狗就能嗅出来。在一桶水中滴入数滴碳酸，狗也能分辨出来。有人还发现，狗对人脚汗中的脂肪酸十分敏感，如果每天人的每只脚分泌的汗液为 16 立方厘米，其中千分之一穿过鞋底透出来的话，每个脚印上就有 2.5×10^{11} 个脂肪酸分子，狗就可以根据这些脂肪酸分子嗅出人的踪迹。狗对于主人在生气、恐惧、高兴时传递出的身体气味也十分敏感，可以根据气味辨别出主人的情绪变化。所以，它们看起来非常的"善解人意"。

猪的鼻子

　　长期的演化，使猪的吻鼻部（图 8-4）不仅突出，而且十分坚韧有力，猪用鼻端拱土，靠灵敏的嗅觉寻觅植物的地下根、块茎等。猪在拱土时，在潮湿的泥土里呼吸，泥土里的细微颗粒可以有效滤过空气中的有害气体。人们根据猪鼻子的结构，加上过滤装置，制成了防毒

图 8-4　猪的吻鼻部（任维鹏绘）

面具，所以我们看到防毒面具很像猪的吻鼻部。

　　猪还能通过分辨气味来识别自己的"家人"。猪妈妈在生完仔猪后，会将仔猪身上的污物舔舐干净，同时也在仔猪身上留下了自己的气味，之后就根据这些气味来识别自己的子女。如果其他仔猪想浑水摸鱼，偷吃奶水，就会被猪妈妈通过灵敏的嗅觉分辨出来，用有力的嘴巴拱到一边。刚刚出生的仔猪，如果需要寄养，就要在身上涂抹些"后妈"的尿液或唾液等分泌物再混入仔猪群，混淆母猪的嗅觉让其难辨亲疏。

　　从集市上买回来的仔猪来自不同的家庭，它们身上也有不同的气味，如果直接混养在一起，就会互相撕咬吵闹不休。要想解决这个问题，可以选择夜晚并群，用稍带异味的消毒药（如含氯消毒剂），加水稀释喷洒仔猪的身体，干扰猪群的嗅觉，第二天仔猪就会相安无事、亲如一家了。

　　此外，猪那发达的吻鼻部还是它们的独门防身武器。尤其是野猪，皮糙肉厚，身上又涂满了凝固的松脂和泥沙，即使是老虎那锐利的爪、锋利的牙齿对它们也无可奈何。如果一不小心被野猪用长着獠牙的嘴巴一拱一甩，来犯之敌非死即伤。所以，即使

是号称森林之王的老虎，也不敢轻易冒犯成年野猪。

大象的鼻子

　　众所周知，大象拥有动物界最长的鼻子。它们那 2～3 米长的鼻子令马来貘、高鼻羚羊、长鼻猴等长鼻子动物黯然失色。如果问你，鼻子是干什么的，你一定会回答，用来呼吸和分辨气味啊。其实，大象的鼻子除了这两项基本功能以外，还有很多奇妙的本领呢。

　　鼻子是大象的"手"。它们伸长鼻子，能轻而易举地把树上的果子和枝叶采下，然后再卷回鼻子，送进嘴里；若是想吃地面上的草，把草连根拔起时，它们会用鼻子在腿上拍打掉泥土再送到嘴里吃；当大象进行感情交流时，常常将鼻子互相缠绕在一起，就像两个人在握手谈笑。鼻子能使大象帮人类搬运沉重的物品。经过驯服的大象能轻松地卷起几百千克重的树木或货物，一头大象就是一台活的起重机，可以抵得上 20～30 个人的劳动力。在缅甸和泰国都建有"大象学校"，大象"毕业"后，便被分配去做"搬运工"。

　　鼻子是大象的清洁器。大象的生活离不开水源，在大热天要用鼻子吸足水，然后喷洒全身，鼻子是比淋浴还方便的洗澡机。同时，大象还常用鼻子往身上涂抹泥沙，以防止蚊虫叮咬，保护皮肤。

　　鼻子是大象的防身武器。遇到胆敢放肆的野兽，它们会先挥动鼻子抽打敌人然后将敌人卷起抛到空中，这样有力的武器不是相当于我们人类的双拳吗？如果敌人还不屈服，大象就会抬起像柱子一样粗的腿，将对手踏成肉饼。

　　鼻子是大象的抽水机。大象口渴的时候，把鼻子插进河水中"咕咚咕咚"地吸起水来，中间不用停留换气，所以尽管大象身躯庞大，需水量大，可只需一会儿工夫，它们就喝足了。对此，可能有的人会有疑问：象鼻子主要是用来呼吸的，用它喝水时，水不会呛入肺部吗？其实，这种担心是多余的。原来，在大象的鼻腔后面食道上方，有一块特殊的软骨，就像我们人类的会厌软骨一样，能很好地将呼吸和进食分开。大象吸水时，喉咙部位的肌肉收缩，"阀门"关闭，水可以顺利进入食道，而不进入气管。饮水后，大象会喷出鼻内残留的水，这时，"阀门"自动打开，呼吸正常进行。

那么，大象的鼻子为什么有这样一些奇特的功能呢？原来，它们的长鼻子是由近4万块各具功能的小肌肉组成的，还有上千万根神经末梢支配着这些肌肉。这些肌肉相互配合，就能使大象的长鼻子伸缩自如，做出灵巧的动作。大象长鼻子的鼻端生有一个(亚洲象)或两个(非洲象)手指般的突起物，有舌头尝味和鼻子嗅气味的两种功能。所以，地面上什么样的草能吃、什么样的草不能吃，大象都能用鼻子进行判断，而不需要放到嘴里尝一尝再做决断。

大象的鼻子为什么那样长？这是大象适应环境，经过漫长的地质年代演化而来的。原来，大象祖先的鼻子和个子都没有现在这样大。据考证，大象祖先的高度相当于现在猪的高度。后来，由于对生活环境的适应，大象祖先的身材渐渐高大，四肢越来越长。为了从地面取食，在长期的生存斗争中，大象的上唇慢慢延长，鼻子在上唇上边，自然也逐渐伸长，这样取食、拾物就更方便了。大象鼻端的指状突起，正是上唇的遗迹，是一种遗迹器官，反映了它们祖先的形态特征。

四、动物的炫耀

你知道吗？我们经常看到萤火虫在黑夜发出美丽的荧光，看到雄性孔雀展开漂亮的羽毛，看到羚羊在狮子走来时并不急于奔命，而是潇洒地来几个漂亮的跳跃。你可能不知道，这些看似不相关的活动都属于动物的炫耀。

通过炫耀，动物可以获得异性的青睐，也可以让竞争对手自愧不如，还可以让敌人知难而退。炫耀不是花架子，而是动物通过长期进化形成的一项非常实用的本领，对于动物的生存至关重要。下面就让我们详细地了解一下炫耀的类型和作用。

求偶炫耀

哺乳动物（如鹿、羚羊）有可观的仪式化的求偶炫耀，但一般情况下，哺乳动物的求偶炫耀不如鸟类复杂。哺乳动物也通过类似于鸟类的鸣叫等方式吸引雌性，但有时会和气味标记以及身体姿势的表演同时进行。例如，鹿科动物采用一边鸣叫一边喷洒尿液做气味标记的方式吸引雌性。最近的研究表明，圈养大熊猫的尿液和肛周腺分泌物中包含了一部分有关年龄的信息，这些信息可能是雄性向雌性进行炫耀的资本。

种内斗争炫耀

吓退竞争对手

动物之间在进行种内斗争的时候，进行必要的炫耀是非常有用的。例如，雄狮之间通常并不进行你死我活的争斗，很多时候都是龇牙低吼，通过观察对方的牙齿和音量，做出适当的权衡，当觉得自己不是对手的时候，它们会明智地退出竞争。所以，必要的炫耀其实是一种"文明"的竞争，这种行为使得互相争斗的双方可以避免不必要的伤亡，甚至连不必要的体力支出都避免了。

显示优秀基因

长鼻猴(图 8-5)是东南亚加里曼丹森林里特有的灵长类动物。它们的鼻子大得出奇，雄性长鼻猴随着年龄的增长鼻子越来越大，最后形成像茄子一样的红色大鼻子。生物学家认为，雄猴的大鼻子就是长期性选择的结果，拥有大鼻子就意味着它拥有优秀的基

图 8-5　长鼻猴

因，是雌猴眼中标准的"美男子"。当争夺配偶或相互争斗的时候，雄猴的大鼻子就会向上挺立或上下摇晃，这种动作能让同类意识到它是健康有力的，鼻子较小的雄猴就会知难而退。

种间斗争炫耀

让竞争对手望而生畏

例如，狮子在进食的时候，常常有鬣狗前来抢夺，此时狮子就会龇牙怒吼。狮子那尖利的牙齿和血盆大口以及瘆人心魄的吼声都起到了炫耀的作用，这无异于告诉鬣狗，再敢狮口夺食就是自寻死路。如果这种炫耀不见效，狮子就会作势扑向鬣狗。但它们一般不会真的进攻，因为那样其他鬣狗就会乘虚而入，狮子的猎物就会彻底丢失。所以，狮子总是通过向鬣狗炫耀自己的威严和力量，让鬣狗在自己进食的时候不敢轻举妄动，这样才使自己获得最大的利益。

让捕食者知难而退

羚羊(图 8-6)在看见狮子靠近
自己时，只要还没有到危险距离
以内，它们不会立即四散逃命，
而是在原地跳跃。一头健壮的羚
羊可以跳起 2 米多高、7 米多远，
这就是对狮子的炫耀。羚羊通过

图 8-6　羚羊

跳跃向狮子表明，自己是非常健康而且善于奔跑的，如果狮子向
自己发动进攻，只能是白白浪费体力。羚羊作为植食性动物，有
着丰富的食物来源，所以它们时常对狮子炫耀一下无损于自己的
体力。而狮子作为肉食性动物就不一样了，它们的每餐食物都来
之不易，所以狮子是不会轻易消耗体力的。作为成熟的猎手，狮
子会随时估计对手的实力，在没有多少胜算的情况下它们绝不会
轻举妄动。这样，羚羊通过自己的炫耀行为为自己节省了体力，
也获得了更多的取食时间；狮子通过观察羚羊的炫耀行为，找到
年老体弱的个体发动进攻，提高了捕食的成功率。试想一下，如
果羚羊一看见狮子就逃之夭夭，那不成了每天都疲于奔命了吗？
如果狮子不顾羚羊的炫耀贸然发动进攻，那几个回合下来，它们
还有力气去捕食吗？所以，被捕食者的炫耀对捕食双方都是有
利的。

五、动物的逃生本领

你知道吗？ 在危险来临的时候，动物是会"大义凛然""奋不顾
身"，然后"从容就义"，还是会采取"留得青山在，不怕没柴烧"策
略，"识时务者为俊杰"，直接逃跑呢？事实上，不论是处于被捕

食地位的植食性动物，还是主动攻击的肉食性动物，当意识到自己不是对手的时候，赶紧逃生都是不二之选。直接逃跑通常是跑得快的植食性动物的策略。采用种种手段迷惑对方，甚至通过伪装不让对方发现自己，是其他不善快速奔跑动物的逃生策略。

逃跑

　　蛾是常见的鳞翅目昆虫。它们的后胸两侧各有一个鼓膜器，分别和两个感受器相连。当蝙蝠距蛾还有 30 多米，还没有发现蛾的时候，蛾的鼓膜器已经接收到蝙蝠的超声波而产生振动，鼓膜器内的感受器兴奋，产生神经冲动传入脑中。脑部的神经中枢就会发出指令，使蛾尽快朝远离蝙蝠的方向飞走，以逃避敌害。如果逃跑没能成功，蛾还能最后一搏。这当然不是指蛾能飞得更快或和蝙蝠打斗，而是指蛾能根据左右两侧鼓膜器所受的声波刺激的强弱不同，判断蝙蝠在自己身体上下左右的方位，使自己和蝙蝠做同一方向飞行。这不是在和蝙蝠赛跑，因为它飞不过蝙蝠。蛾是在做大转圈飞行，或飞快俯冲落入树丛、草丛隐蔽起来，有了树丛、草丛的干扰，蝙蝠就无法准确定位了，蛾也就成功地躲过一劫。

隐蔽

　　隐蔽是动物逃避敌害最常用的方式。只要我们细心观察就不难发现，很多动物的身体颜色总是和环境色彩非常接近，这被称为保护色。最典型的例子就是变色龙了，它们的体色可以随环境色彩的变化而变化。在草丛里的蛙，多数是绿色的，这样可以尽量躲避天敌；而在田地里的蛙，则是黑灰色的，这比较接近泥土的颜色，也不易被敌害发现。

除了拥有保护色外，有些动物还能隐匿自己的行踪。例如，阿氏天蛾的幼虫在夜间以咀嚼式口器嚼食树叶，天亮时会把树叶从叶柄基部咬断，这就消灭了自己的踪迹，使鸟类无法找到自己；另一种夜蛾的幼虫也于夜间嚼食树叶，但天亮时不咬断叶柄，而是迁移到较远的树丛深处。这两种办法都能起到逃避敌害的效果。

装死

对很多植食性动物来说，如果既没有逼真的伪装，又没有快速逃跑的能力，也不会挖洞躲藏，那么在遇到危险时，装死就成了一种行之有效的求生术了。

我们常见的很多甲虫具有这种本领。当它们爬行的时候，我们用树枝轻轻地碰它们一下，它们就立即静止不动，就像死了一样。我们当然很轻易地就明白了它们的意图，但对鸟类来说，这种装死是很有效的。很多鸟类不吃死的东西，只吃会动的。看到甲虫一动不动，鸟就认为它是死的，于是转身去找别的猎物，这只甲虫就逃过了一劫。

负鼠(图 8-7)是哺乳动物中最擅长伪装的，它们在遇到突如其来的袭击以至于无法逃跑时，就会装死以求保全生命。它们在即将被擒时，会立即躺倒在地，脸色变淡，张开嘴巴，

图 8-7　负鼠

伸出舌头，眼睛紧闭，肚子鼓得老大，呼吸和心跳停止，做假死状，使追捕者一时产生恐惧感，不再去捕食。如果这样还不足以迷惑对方的话，负鼠会从肛门旁边的臭腺排出一种恶臭的黄色液体，这种液体能使对方更加相信它们已经死了，而且腐烂了。此

刻，当追捕者碰触其身体的任何部位时，它们都纹丝不动。大多数捕食者都喜欢新鲜的肉，因为动物死亡后身体会腐烂，还会生出蝇蛆等，所以它们对已经死亡的动物会置之不理。等敌害走远后，负鼠又从装死的状态恢复过来。

有人曾认为负鼠的装死并非骗术，而是它们的胆子太小，在大难临头时真的被吓昏过去了。科学家借助电生理学对负鼠进行活体脑测试，揭开了这一谜底。针对负鼠身体在不同状况下记录在案的生物电流的数据分析，科学家得出的结论是，负鼠处于装死状态时，它们的大脑一刻也没有停止活动，不但与动物麻醉或酣睡时的生物电流情况大相径庭，甚至大脑的工作效率更高。看来，负鼠的装死真的是装的。

拟态

拟态是动物在进化中形成的外表形态或色泽斑纹与其他生物或非生物异常相似的现象。

有一类蝴蝶，在收合竖立翅膀时特别像干枯的树叶，被称为枯叶蝶（图 8-8），学名枯叶蛱蝶。这种形态可以让它们不容易被鸟类等天敌发现。

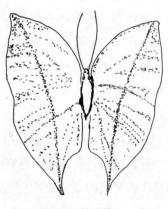

图 8-8　枯叶蝶

在热带和亚热带地区，生活着一类高超的伪装大师——竹节虫。它们的身体特别像一段竹节，能根据光线、温度、湿度改变体色。当它们停在树枝上时，还会偶尔将中胸足、后胸足抬起来轻轻地抖动，就像微风吹过树枝一样。白天它们静静地站在树枝上，蜥蜴、鸟类、蜘蛛等天敌很难发现它们的踪迹。即使偶尔被天敌发现了，它们还会在起身飞走的瞬间发出亮丽的彩光迷惑敌人，在敌人错愕的瞬间逃之夭夭。如果有动物经过，它们还会像树枝那样掉在地上一动不动地装死，并在周围环境安静下来之后伺机逃走。

在加拿大，有一种斑马蜘蛛经常捕食苍蝇。但有一种苍蝇却能经常逃过蜘蛛的捕杀。原来，这种苍蝇的翅膀上有黑色的条纹，这些条纹很像斑马蜘蛛的脚。当苍蝇遇到斑马蜘蛛又来不及逃跑的时候，就会张开翅膀，让斑马蜘蛛误将自己当作同类，在斑马蜘蛛走开后再从容飞走。曾有科学家将这种苍蝇翅膀上的条纹涂成白色，发现这种苍蝇就很容易被斑马蜘蛛吃掉了。

六、动物的防御策略

你知道吗？ 在古代战争题材的影视作品里，我们经常看到交战双方要修筑工事，防御敌方的进攻。战斗时，将士们手拿盾牌，身披铠甲，以防御敌方的刀箭。在竞争激烈的大自然里，有的动物行动缓慢，有的动物身体柔软，有的动物性情温和，但它们都有独特的招数防御敌害侵扰。下面要讲的几种动物可以让你看看动物界另类的生存之道。

在纷繁复杂的自然界里，每一种动物都有可能成为别人的盘中餐。所以，动物的生存策略里不仅有进攻，更要有积极的防御。从体格健硕的非洲野牛到微不足道的小小甲虫，成功的防御都是它们生存下来的重要保障。下面我们就来总结一下动物的防御策略。

铠甲

很多动物都用铠甲保护自己。生活在中美洲、南美洲的犰狳（图8-9）拥有一身铠甲。这些铠甲由许多细小的骨片构成，每个骨片上都长着一层坚韧的角质鳞甲。拥有这样一身"刀枪不入"的铠甲是多么安

图 8-9 犰狳

全啊。可是你想过没有，铠甲即使再坚固，如果没有了灵活性，照样会被别的动物想方设法吃掉。犰狳的铠甲上有关节索，使它们能灵活自如地将身体蜷曲起来。长期的演化，还使它们的肩部、腰部的甲片在卷曲时撑起很大的空间，能让头、尾和四肢缩进去。遇到野猫等肉食性动物时，犰狳会蜷缩成一团，铠甲的边缘插进泥土里。如果肉食性动物稍微碰它们一下，它们就会将身体卷成一个圆球，让捕食者无从下口。有时它们还会采用第二招，就是趁捕食者不注意，猛地蹦向空中。这突如其来的举动往往将捕食者吓得赶紧跳到一边。在捕食者慌乱的时候，犰狳早已逃之夭夭了。犰狳的铠甲不但可以防御捕食者，还可以防御被捕食者的攻击。犰狳喜欢吃蚂蚁，蚂蚁当然是不会让它们安静地进食的，负责守卫的兵蚁会一次一次地向它们发起进攻。可兵蚁那锋利的上颚根本不能破坏犰狳的铠甲，只能任由它们吃够了扬长而去。犰狳还是蛇的天敌，坚硬的铠甲保证了它们不用担心蛇会反咬一口。

除了犰狳、穿山甲这样的大型动物以外，很多小动物也有自己的铠甲，如河蚌、螃蟹等甲壳动物，还有蜗牛、甲虫等。它们的甲壳也像犰狳的铠甲一样能起到保护的作用。

毒毛

多数人都不喜欢毛虫。它们的样子丑陋，还长了一身毒毛，如果不小心碰到了，就会被它们的毒毛刺螫，轻则会引发皮肤炎症，重则会导致比较严重的皮肤过敏反应。如果发现皮肤上有毛虫的毒毛，就要马上用胶带反复粘贴，尽可能地将毒毛拔净，以免发生中毒或过敏反应。

鸟类能识别哪些昆虫能吃、哪些不能吃。没有经验的小鸟如果误食了带有毒毛的毛虫，会导致口腔溃疡肿胀，几天不能吃东西。这种痛苦的经历会让它们不敢再捕食那种毛虫。

除了毛虫，很多蜘蛛（图 8-10）也用毒毛来武装自己。有一种蜘蛛的腿上、屁股上长满了又细又长的毒毛。当它的天敌（如吃昆虫的哺乳动物）靠近时，它就会马上将身上的毒毛抖落下来。这些毒毛随风飘散，飞入捕食者的眼睛、鼻孔里，捕食者马上就会鼻酸、流泪，它就会趁此机会赶紧离开。

图 8-10　蜘蛛

粪便

经过长期的演化，很多动物的粪便也被派上了特殊的用场。狼、狗、虎、狮等动物用粪便标识领地，同种的其他个体根据气味，就知道自己是否侵犯了别人的领地。如果没有一定的把握，侵入者就会赶紧撤退。

用粪便作为防御武器最突出的代表当属鸟类了。乌鸦一般不会主动攻击人类，但如果它的领地曾被人类破坏或种群中有些个体曾经受到人类攻击，它就会报复人类。它会瞅准机会飞到人的头顶喷出又臭又黏的粪便，让人无法停留。

臭屁

　　黄鼠狼（图 8-11），学名黄
鼬，身体细长而灵敏，能在墙缝
等狭小的空隙快速穿行，是捕食
老鼠等小型哺乳动物的高手。但
它遇到狗、狼等大型动物的时
候，就得赶快逃走。如果和狗狭

图 8-11　黄鼠狼

路相逢，它会怎么办呢？它有绝妙的化学武器——臭屁！它的臭
屁可以让其他动物退避三舍，它也就趁机溜走了。如果黄鼠狼遇
到了刺猬，就会用臭屁对着刺猬的头部熏它。刺猬因为极度讨厌
这种强烈的臭味，就赶紧伸展身体甩甩头部，黄鼠狼就趁此机会
将刺猬咬死食用。

　　不过，在动物界放屁最臭
的，还得首推臭鼬（图 8-12）。它
和黄鼠狼是近亲，都是鼬科动
物。当遇到敌害时，臭鼬会突然
倒立，露出臭腺。如果对方还不
识相赶紧溜走，它就会对着敌害
喷射奇臭无比的液体。这种液体
能喷射 3 米多远，落入眼睛会导

图 8-12　臭鼬

致短时间失明，喷入鼻腔，会导致昏厥，落到地上也能传到 500
米远的地方。多数捕食者在闻到这种气味后都会极度厌烦地赶快
离开，臭鼬也趁着捕食者心烦意乱的时候赶紧溜走。

硬刺

刺猬（图 8-13）的背部密布硬刺，遇到天敌的时候只需将身体蜷成一团，就出现了"老虎吃刺猬无从下口"的局面，使自己能够"虎口逃生"。但新的问题出现了：哺乳动物体表的毛发本来是用来保暖的，刺猬背上都是硬刺，保暖效果一定大

图 8-13　刺猬

打折扣。那它们怎么抵御寒冷呢？原来，刺猬有冬天进洞休眠的习性。天气转冷的时候，它们就会蛰伏在洞里不出来，靠地洞来保暖。

海洋里的刺鲀（图 8-14）通常生活在热带珊瑚礁里。刺鲀身体胖乎乎的，背鳍和臀鳍短小，位于身体后部，游泳能力弱。通过长期的演化，刺鲀的鳞片逐渐演化成了棘刺。当遇到危险时，刺鲀就会大口吞咽海水或空气，让身体胀得鼓鼓的，使棘刺一根根树立起来，变成一个大刺球。然

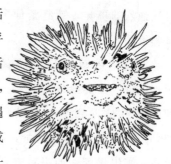

图 8-14　刺鲀

后它们翻转身体肚皮朝天浮在水面上，嘴里还发出"咕咕"的恐吓声。捕食者要么被这副模样吓走，要么面对浑身硬刺无从下口，只得悻悻离开。如果那些体大口阔的鲨鱼因为贪吃而将其吞下，刺鲀就会卡在它们的食道里将它们活活憋死或饿死。面对这样的"美味"，谁还敢尝试呢？

七、吃肉的代价

我们总是羡慕狮子的威风凛凛，同情绵羊的柔顺软弱，其实，在物竞天择、适者生存的大自然里，哪种动物要生存下去都是十分不易的。

作为植食性动物，最大的好处就是食物容易获得。但大自然是最好的平衡专家，当一种生物的食物多得到处都是的时候，那么这种生物的数量就会庞大起来，它的竞争对手就会增多，以它为食的捕食者也会相应增多。所以，植食性动物既要面对其他初级消费者的激烈竞争，又要逃避捕食者的凶猛捕食。在长期的演化过程中，既存在植食者和肉食者之间的相互选择，也存在植食者与植食者之间的博弈与分化。在食性上，有的动物趋向专一化，只以一种或几种植物为食，并且通过长期的自然选择形成了与其食性相符的特殊的消化结构。例如，牛、羊等动物的胃、肠中生活有大量细菌，这些细菌分泌的纤维素酶能帮助它们分解植物纤维。这样，它们逐渐演化成非常"专业"的植食性动物，在生态系统中占据了自己的生态位，使其他动物难以插足。再如，骆驼生活在干旱的沙漠地区，它们的舌头非常灵巧，能够从骆驼刺那些尖利的木刺之间缠绕住叶子吃掉，口唇也不会被扎伤。有的动物则向杂食性方向发展，能吃多种植物，以便到哪里都能找到食物，有的还能吃一些昆虫或其他动物。很多灵长类，包括人都是杂食性动物，既可以吃植物的果实和种子，也能取食一些小动物，大大增强了自己适应环境的能力。

植食性动物逐水草而居，能够获得充足的食物。但植物营养价值很低，为了满足自己的能量需求，它们需要摄入大量的食物，所以不得不每天早早出门去寻找食物。很多植食性动物为了躲避敌害，需要趁着夜色出去填饱肚子。从时间上来说，植食性动物用在吃上的时间最多，几乎占它们生命的一大半。

肉食性动物的食物有着巨大的优越性，这些食物味道鲜美而且营养价值高，吃饱以后可以很长时间不感到饥饿。成年的东北虎一餐可以吃掉 30～40 千克肉，然后在三四天内不再进食。所以它们在吃饱以后的生活就很悠闲，可以舒服地睡上一觉，只要及时找到下一顿饭就可以了。但这只是表面现象，一般说来，食物的营养价值越高，捕食的成本也就越高，捕食者需要付出高昂的代价才能获得营养丰富的美餐。我们在羡慕肉食者大块吃肉的时候，却很少想到它们捕食的艰辛，肉食性动物那具有极高营养价值的食物是非常难以获取的。因为每一只植食性动物都不会坐以待毙，它们通过长期的演化具备了种种难以对付的本领，很多时候让捕食者费尽了心机和体力，仍然要面临到嘴边的美餐又跑掉的尴尬。

有的植食性动物，比如野兔拥有挖洞躲藏的本领，它们还能根据季节更换不同颜色的皮毛，使自己更好地隐藏在杂草丛中而不被捕食者发现。有的植食性动物，比如猴子有爬树的本领，在遇到危险时能迅速爬上树梢，让捕食者"望树兴叹"。有的植食性动物有快速奔跑的能力，比如羚羊和鹿。它们作为植食性动物通常不用担心找不到食物而饿死，所以当狮子等捕食者靠近自己时，它们首先会来几个跳跃炫耀自己的体力，使捕食者放弃对自己的捕食。如果还不奏效，它们则会通过快速奔跑逃之夭夭。在跑到捕食者的有效攻击距离之外，它们就会继续埋头吃草补充体力，如果捕食者再来袭击，它们就再往前跑一段距离，然后再埋头吃草。这样，羚羊和鹿等植食性动物可以不断地通过摄食补充能量，肉食性动物如果袭击几次都没有成功的话，就会面临体力衰竭的绝境。

因此，作为肉食者，必须注意保持充足的体力，所以它们每次进攻之前都要精心谋划。它们要小心翼翼地、尽可能无声无息地靠近猎物，直到到了有效攻击距离而猎物仍然没有发现，它们才会发动迅雷不及掩耳的进攻，即便这样，它们成功的概率也只有三分之一左右。为了减少不必要的体力消耗，肉食性动物采取了种种行之有效的捕食策略。我们看到鹰在空中盘旋，那不是它们在休闲，而是在努力地搜寻猎物；我们看到狮子在草丛中悄悄地靠近猎物，那不是因为狮子太狡猾，而是为了提高捕食的成功率；我们看到秃鹫端坐在高高的山崖上一动不动，那不是它们在欣赏地面的美景，而是用最节约体力的办法在寻找食物。

还有一类肉食者，它们通过长期的演化具有了超强的耐力，比如狼。在发现猎物之后，狼会耐心地穷追不舍，直到猎物体力耗尽束手就擒。这种锲而不舍的精神使狼在生命演化的历史长河中生存了下来。此外，狼还会通过团队的合作获得更多的生存机会。它们狩猎的时候依靠集体的力量，既有明确的分工，又有密切的协作，齐心协力战胜比自己强大的对手。一只落单的狼容易成为大型肉食性动物的盘中餐，但是一群配合默契的狼，足以让虎、豹、熊等猛兽放弃已经到嘴边的美餐。

综合起来，成功的肉食者具有以下特点：有出众的本领能够制服对手；有谋略，懂得怎样才能更有效地达到目的；有锲而不舍的精神，有不达目标不罢休的勇气；有协作精神，知道怎样靠集体的力量取得最后的胜利。

八、动物的生态位——向专业化方向发展

你知道吗？ 如果我们要建造一座大楼，就需要请建筑设计院的工程师设计图纸，请专业的施工队伍进行建造，请专门的监理公司负责监督。可以看出，目前的社会分工已经趋向于专业化，专业的事情就要请专业的人来做。其实，在生态系统中，各种生物都有自己不可替代的作用，都有自己独特的位置，因为它们都有自己专业的生存技能。

如果我们做一个实验，将双小核草履虫和大草履虫分别放在相同的培养基中培养，会发现两种草履虫都正常生长。如果在食物一定的情况下把它们放在一起培养，16 天后，双小核草履虫仍有很多，而大草履虫却已消失得无影无踪。科学家通过研究发现，两种草履虫不会互相攻击，也没有分泌有害物质，只是它们对食物的需求几乎相同，而双小核草履虫获取食物的能力比较强，这样大草履虫就被淘汰了。

如果我们把大草履虫与另一种袋状草履虫放在同一环境中进行培养，会发现两者都能存活下来，并且达到一个稳定的平衡水平。原因是这两种草履虫虽然需求相近，但袋状草履虫占用的恰好是大草履虫不需要的那一部分食物。

这两个实验就反应出动物的"生态位"问题。大自然中，每一个物种都有自己的生态位，并且尽量不与其他物种重叠，避免无谓的竞争。所以那些亲缘关系接近的、具有同样生活习性或生活方式的物种，一般不会在同一地方出现。如果食性相近的动物在同一区域内出现，也要分别占据不同的空间。例如，虎在山上行，

鱼在水中游，猴在树上跳，鸟在天上飞；如果它们在同一地点出现，它们必定利用不同的食物生存，如虎吃肉，羊吃草，蛙吃虫；如果它们需要的是同一种食物，那么，它们的寻食时间必定要相互错开，如猎豹是白天出来寻食，鬣狗是深夜出来寻食……在动物界没有哪两个物种的生态位是完全相同的，有些物种的生态位如果出现了较大重叠，就会导致严酷的竞争，出现"一山不能容二虎"的局面。如果强者进入弱者的生态领域就会出现"龙陷浅滩受虾戏，虎落平川遭犬欺"的状况；如果弱者进入强者的生态领域就会出现"大鱼吃小鱼，小鱼吃虾米"的状况。因此，强者只能在自己的生态位上是强者，弱者在自己的生态位上也能正常生存。

　　与自己在生态位中的地位相适应，动物逐渐向专业化方向发展，形成了令人惊叹的适应特点。老虎生活在物种丰富、食物来源充足的森林里，但森林里供猎物逃生和隐藏的隐蔽物也非常多，因此它们采用伏击的方式来捕食。它们身上的斑纹与斑驳的树影非常相似，脚心长着肉垫避免发出响声，拥有强大的力量、锐利的爪和锋利的牙齿，能将猎物一击毙命。植食性动物通过长期的演化形成了种种适应性的结构特征和行为。有的通过快速奔跑来逃避敌害，有的通过挖洞躲藏来避免危险，有的通过树栖攀缘躲避进攻。

牙齿的专业化

　　老鼠的牙齿（图 8-15）像凿子一样，非常厉害。它们每天都要通过啃咬树根、建筑物等坚硬的物体来打洞寻食，吃的食物也常常包括坚硬的种子，所以老鼠牙齿的工作量是非常大的。即便是

图 8-15　老鼠的牙齿

用最坚韧的金属铸成的最尖锐的牙齿，经过这么频繁的使用也会被磨平，好在老鼠的门齿会不断生长，而且生长速度非常快。要是这类动物的牙齿接触不到坚硬的物体，就不能磨损，最后反而成为累赘，甚至导致它们无法开口进食。所以老鼠每天都要在空闲时啃咬木材、水泥墙、电线等硬物，使自己的牙齿不会太长。

　　有些蛇的牙齿能折起来。当它们吞食猎物时，牙齿会朝内侧倒下放平，口腔里就像没有牙齿一样光滑，能顺利地把猎物吞咽下去。如果猎物在蛇口中垂死挣扎，拼命往外逃，这时蛇的牙齿就会竖起来形成倒钩，使猎物无法挣脱。

　　大象的身躯庞大，所吃的食物营养又不高，导致它们每天要花 20 小时来摄取、吞食 50～100 千克的食物。对于大象来说，牙齿的任务就是昼夜不停地咀嚼杂草、芦苇、果实、树叶和树枝等。要是大象的牙齿像人类的一样，一生只更换一次，是不可能胜任如此繁重的工作的。

　　对此，大象有着自己独特的解决方法：除了前面的一对向外突出的象牙以外，它们的口腔里面还有 24 颗臼齿。有趣的是，这24 颗臼齿不是一起长出同时使用的，而是上、下、左、右各一颗，四颗一套依次长出，轮换使用。也就是说，在一段时间里，上、下、左、右的牙床上，都只有一颗臼齿在工作。这颗牙齿磨损了，下面一颗便取而代之。与其他动物相反，大象的臼齿不是由下往上长，而是由后往前长。新的臼齿从后面慢慢地露出来，前面磨损了的臼齿就会脱落，直到最后完全被新臼齿所代替。大象在 60 岁左右会长出最后一颗臼齿，此后就不再换牙了。

鲨鱼的牙齿(图 8-16)也会移动。这种肉食性鱼类的上下颌内侧表面，密密麻麻地布满了牙齿。它们整整齐齐地横排成行，齿尖向后，这样被捕获的猎物就很难溜之大吉了。长在前排的牙齿负担最重，磨损也最快。鲨鱼的牙齿总是在缓慢地向上下颌的边缘移动。前排磨损了的牙齿渐渐地被顶了出去，后排的牙齿随后跟了上来。当这排牙齿经过使用变得残缺不全时，后面的牙齿又顶了上来。这种"前仆后继"的换牙过程伴随着鲨鱼生命过程的始终。

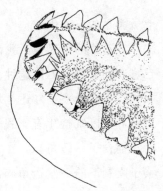

图 8-16　鲨鱼的牙齿

舌头的专业化

所有的食蚁兽都有极好的嗅觉，靠鼻子嗅出蚁穴，再用利爪把蚁穴挖开，它们总是十分小心，使蚁穴不至于被完全破坏。食蚁兽蠕虫状的舌头能惊人地伸到 60 厘米长，并能以一分钟 150 次的频率伸缩。它们的舌头上遍布小刺并有大量的黏液，蚂蚁被粘住后便无法逃脱。

科学家经分析发现，变色龙的舌头在捕食时真正的作用是阻碍被捕食对象的运动。在变色龙的舌头与目标接触前，它们的舌头前端会形成一个有强大吸力的"真空泵"，猎物一旦靠近就会被牢牢吸住，然后随着舌头缩回被吞进嘴里吃掉。科学家解释说，变色龙具有如此复杂的捕食机理并不奇怪。因为按照它们的体形，如果仅靠舌头上的黏液粘住猎物的话，一些跳跃能力强的昆虫就能靠良好的弹跳逃之夭夭；假如它们靠舌头来罩住猎物，那就得长出比脑袋还要大的大舌头。所以，大自然精心创造出的小型的

"真空泵"舌头是最灵活也最实用的。

食物类型的专业化

　　在动物的世界中，我们不难发现一个事实：每种动物都有自己喜欢的食物。不论这种食物的营养价值是高还是低，不论这种食物在我们看来是好还是坏，都有动物特别善于获取这种食物中的营养，以维持生存。我们经常看到电视节目里有这样的画面：狮子捕食了一匹角马，在它的家族饱食之后，鬣狗围了上来，将狮子吃剩下的一些边角碎肉吃掉。之后，秃鹫来了，将鬣狗剩下的残渣吃掉。这些大型动物无法啃食而剩下的动物头部、小腿、尾部、皮毛等，则由蚂蚁来清理，或者由苍蝇的幼虫——蛆虫以及其他腐食性昆虫吃掉。最后，一匹角马只剩下了一堆白骨。

　　鲜嫩可口的青草有植食性动物在啃食，营养丰富的肉食更让肉食性动物胃口大开。即使那些在我们人类看来难以接受的东西，只要还有一丝营养，就会有生物去享用。蜣螂以动物的粪便为食，它们用铲状的头和桨状的触角把粪便滚成一个球，粪球有时可大如苹果。初夏时蜣螂把自己和粪球埋在地下土室内，并以之为食。接着，雌性蜣螂在粪球中产卵，孵出的幼虫也以此为食。大熊猫以竹子为食，这种食物纤维很多而营养价值很低，大熊猫进化出了大而平的臼齿，可以将细小的竹枝和竹叶磨碎。此外，大熊猫的一根腕骨已经特化为伪拇指，可以更好地握住竹子进行采食，这都是对以竹子为食的适应。取食类型的专业化，使得自然界的物质能够被充分利用，物质循环更加迅速高效地进行。

　　在进化过程中，植物与植食性动物之间、植食性动物与肉食性动物之间都出现了协同进化，植物也发展了防御机制。例如，被牛啃食后的悬钩子的皮刺比未被啃食过的长而尖；受过树蜂危害的松树会改变酚代谢，产生新的化学物质以驱赶树蜂；荆豆顶枝在受到美洲兔的危害后，枝条中会积累更多的毒素，让美洲兔感到荆豆口味变差而放弃取食。植食性动物在进化中也产生了相应的适应，如形成特殊的酶进行解毒，或调整进食时间以避开植物的有毒化合物。肉食性动物则向聪明、狡猾、善于运用谋略捕食的方向发展。还有一些动物，专门摄取其他动物不能或不屑于取食的食物，做到了在夹缝中求生存。

九、沙漠动物的觅水妙法

你知道吗？ 在干旱的沙漠里，水是动物生存的决定条件。沙漠动物的生存竞争是围绕着水展开的。谁能用最少的水坚持最长的时间，谁就是赢家；谁能从同样干旱的环境里摄取到水，谁就能在这里生存。在这种恶劣的环境下，动物通过长期的进化逐渐形成了自己独特的觅水方式，使自己能够在这种严酷的环境里生存下来。

从空气里吸水

在澳大利亚的沙漠中有一种沙鼠就能够从洞穴湿润的空气里吸收水分。这种小型啮齿动物是靠食用各种植物的种子维持生计的。它在觅食过程中找到干燥的种子之后，并不急于吃掉，而是将种子装进特殊的颊袋中运回洞穴里。这些沙漠中干燥的植物种子的渗透压竟有 400～500 个大气压那么高，足以将洞穴中的哪怕一丁点儿水分都吸收到种子里。在种子吸收了足够的水分以后，沙鼠才将它们吃掉，这样不仅获得了食物中的营养，也得到了一些珍贵的水。由于对干旱生活高度适应，这种沙鼠不用喝水，食物中的这点水对它来说就足够了。

收集晨雾中有限的水

在澳大利亚的沙漠里还有一种
浑身长刺的蜥蜴——澳洲刺角蜥(图
8-17)。在一般人看来，它身上那些
小倒刺和突起物是专门对付肉食性

图 8-17 澳洲刺角蜥

动物的防身武器，可谁能想到这些小倒刺和突起物还有特殊的蓄
水功能?! 仔细观察，我们可以发现澳洲刺角蜥皮肤的角质层是呈
覆瓦状的，尖刺就是一个个伸入晨雾中的凝聚点，晨雾中的水汽
会在尖刺上凝集成小水滴，然后水滴沿着一排排看起来杂乱无章
其实又非常有序的水沟汇集在一起。水分在身体表面汇集后，是
朝向澳洲刺角蜥的头部流动的，一直流到毛细管网络汇合成的两
个多孔小囊里。这两个小囊长在澳洲刺角蜥嘴角的两侧，是一对
绝妙的水分收集器，澳洲刺角蜥只要动一下颌部，水滴就会自动
冒出来。所以，每天清晨天刚刚发亮的时候，澳洲刺角蜥就早早
地到外面吸收水汽了。

通过代谢获得水

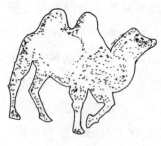

图 8-18　骆驼

一些在沙漠或荒漠生存的动物有
自身造水的本领，有的动物甚至可以
终生不喝水而只靠将食物中的营养进
行代谢产生的水。有的动物体内储存
了大量脂肪，在食物短缺时，通过分
解脂肪不仅可以获得能量，还能产生
水被肌体吸收利用。骆驼(图 8-18)可

在驼峰里储存超过 100 千克的脂肪，可以连续 40 天不吃不喝；肥尾羊在大尾巴里储存了超过 10 千克的脂肪，以度过草原上的旱季。

十、燕子为什么要南飞过冬

你知道吗？ 在冬天即将来临的时候，燕子要飞到南方去过冬。来年春暖花开的时候，燕子再飞过千山万水回到自己北方的家，它们是根据什么找到自己回家的路的呢？

燕子是一种候鸟。冬天来临之前，它们总要进行长途旅行——成群结队地由北方飞向遥远的南方，去那里享受温暖的阳光和湿润的天气，而将严冬的冰霜和凛冽的寒风留给从不南飞过冬的山雀、松鸡和雷鸟。

表面上看，是北国冬天的寒冷使得燕子离乡背井去南方过冬，等到春暖花开的时节再由南方返回本乡本土生儿育女、安居乐业。果真如此吗？其实不然。原来燕子是以昆虫为食的，且它们从来就习惯于在空中捕食飞虫，而不善于在树缝和地隙中搜寻昆虫，也不能像松鸡和雷鸟那样食浆果、种子。可是，北方的冬季是没有飞虫可供燕子捕食的，燕子又不能像啄木鸟和旋木雀那样去发掘潜伏下来的昆虫的幼虫和虫蛹等。食物的匮乏使燕子不得不每年都要进行秋去春来的南北大迁徙，以得到更为广阔的生存空间。燕子也就成了鸟类家族中的"游牧民族"了。

第二年春暖花开的时候，燕子不远万里飞回北方的家里。它们根据什么找到回家的路？一种观点认为，燕子的记忆力非常惊人，它们能根据居住地周围的环境特征记住自己家的位置，第二年再准确无误地找到自己的老家。另一种观点认为，像燕子、家鸽这样的鸟类能够根据地磁场的变化记住迁徙的路线。如果在它们身上放置适当质量的磁铁，它们就不能正确感知地磁场的变化，最后就找不到回家的路。据统计，老燕回旧巢的概率为 47.1%，有人曾发现一对老燕连续 4 年回到自己的旧巢，这也可以解释为什么我们总有"似曾相识燕归来"的感觉。

第九章　动物之间的信息传递

一、动物的视觉信息传递

　　视觉信息是指用动物能看到的信号对其他动物的行为产生影响。视觉信息包括身体结构、颜色等标志以及动物为传递信号摆出的姿势、做出的动作等。视觉信息容易定位，还有简单、准确、迅速等优点，所以人们对视觉信息的研究最为透彻。但由于视觉信息只能直线传播，容易被各种障碍物遮挡，也容易受光线影响，所以这种信息传递方式也有很大的局限性。一般通过反射光传递信息的动物只能在白天通信，而自发光的动物如萤火虫则只能在夜间通信。在自然界，仅仅依靠视觉传递信息的动物非常少见，多数动物都是靠使用多种信息传递方式进行有效的交流。

　　为了让自己发出的视觉信号不被障碍物遮挡，动物会选择一个显眼的位置，比如站在高处或飞在空中。

　　视觉信息的表现形式复杂多样。有的视觉信号可以长时间存在，比如动物身体形态结构上的标志——雄性孔雀那鲜艳美丽的尾上覆羽，雄性驯鹿头上硕大的犄角，雄性狮子颈部漂亮的长鬃毛——这些外表特征都是向雌性同类发出的视觉信号。有的视觉信号只存在短暂的一瞬间。例如，许多蜥蜴从背面看体色与环境一致，但腹面有鲜艳的色彩，但这种鲜艳的色彩只在求偶或恐吓敌害时才显露出来。也有动物的保护色是通过散布错误的视觉信息来迷惑天敌或猎物的。例如，蛙在草丛中呈现碧绿的体色，在农田里呈现黑灰的体色，这种与环境色彩一致的体色既有利于捕食昆虫，也有利于逃避敌害。枯叶蝶像一片干枯的树叶，竹节虫像一段树枝，都可以欺骗捕食者的双眼。

视觉信息的形式还包括动物的肢体语言。例如，狗在遇到陌生人时，常常身体下伏、后肢蹬地、龇牙低吼以恐吓对方；而在主人面前，则俯首帖耳、前蹿后跳，一副顺从的模样。通过视觉信息，动物之间可以传递年龄、性别、生理状态等信息，还能表达一些诉求。通过长期的自然选择，很多动物能够通过复杂的仪式或一连串复杂的动作来传递信息。例如，鸟类在求偶时，常常进行丰富多彩的表演；蜜蜂会用舞蹈动作分享蜜源的距离和方向。雄性萤火虫，在夏日的夜晚依靠发光寻找配偶，停留在草丛深处的雌性萤火虫不能飞翔，也通过闪光应答。

人类可以通过一些画面传递信息，海洋中的乌贼也会这样做。雄性乌贼在求偶时会将触手向前伸直结成一束，或将触手弯曲成一个拱形的篮子，此时它的皮肤上还会显现色彩斑斓的图案。看到这个画面以后，其他雄性乌贼会尽量避开，而雌性乌贼通过身上的色斑将自己的性别告知雄性。科学家发现，乌贼身上的图案、皮肤质地以及各种身体姿态可以组合出 300 多种信息，这些信息就是乌贼之间相互交流的语言。

对于拥有高智商的人类来讲，视觉通信也是一种简捷有效的联系方式。无论是举手投足，还是一颦一笑，都可以传递许多信息。

二、动物的触觉信息传递

在海洋里，水深 200 米以下的地方没有植物分布，是因为这么深的海水里没有阳光了。在漆黑的海底，视觉信息基本不起作用，鱼类就靠触觉或听觉传递信息。一些生活在深海里的鱼类，视觉严重退化，它们的鳍刺和触须上有丰富的神经末梢，可以感知水流的细微变化，来捕捉猎物或逃避敌害。这就是触觉通信的一种形式。触觉通信多数情况下是通过身体的直接接触实现的。动物交配行为的完成有赖于触觉通信。例如，雌性三棘刺鱼被雄鱼吸引到"产房"之后，在雄鱼用嘴巴触碰了尾部之后才能排卵。触觉通信也可以通过其他物体作为媒介，以振动或者波动的形式来传递信息。例如，雄性蜘蛛想要进行交配，必须爬到雌性蜘蛛的网上去。在这之前，雄性蜘蛛会像弹琴一样轻轻地拨动蛛丝，躲藏在暗处的雌性蜘蛛可以根据蛛丝振动的幅度判断来的是猎物还是求爱对象。

触觉信息都是近距离传递的，易于定位。对于视觉能力有限或者生活在无法利用视觉通信环境中的动物来说，触觉通信往往是一种重要的信息传递方式。触觉信号的强度和性质可以迅速改变，出现及消失也快，有一定的信息量，便于传递定量信息。

不仅低等动物依靠触觉通信，在高等动物中触觉通信也相当普遍与重要。在猴子的社会群体中，猴子之间常会互相梳理毛发。值得注意的是，如果将刚刚出生的小猴从它母亲的身边抱走，由专门的机器人来抚养，那么即便身体健康，它的反应能力和智力与正常的小猴相比，也显得比较低下。如果人们经常抚摸或者抱抱它，情况则会有很大的改观。从这里不难看出，幼年时，对小猴经常性的抚摸、搂抱，可以提高小猴对环境刺激的反应能力。对于人类来说，父母在孩子幼年时多给一些爱抚，比婴儿车和玩具熊更有益于孩子的生长发育。

三、动物的听觉信息传递

利用声音传递信息的动物种类很多。有的昆虫用身体各部位摩擦发出声音，有的昆虫能够利用植物枝叶发出声音。夏蝉吵噪，秋虫唧鸣，已为人们所熟知。布谷高歌，喜鹊欢叫，更是让人倍觉亲切。唐代诗人杜甫写道：

> 两个黄鹂鸣翠柳，一行白鹭上青天。
>
> 窗含西岭千秋雪，门泊东吴万里船。

宋代词人辛弃疾写道：

> 明月别枝惊鹊，清风半夜鸣蝉。
>
> 稻花香里说丰年，听取蛙声一片。

这些诗词当中都有描写动物声音的句子，在和动物长期的共处中，人类已经和动物建立了密切的联系，有些动物的声音也成了悦耳动人的曲调。

除了昆虫以外，呼吸空气的脊椎动物（蛙、少数爬行类、几乎所有的鸟类和大部分哺乳类）都能发声。动物发出的声音就像人类的语言一样，有着重要的信息交流作用。长期的演化，使动物的声音有许多变量，包括频率、音质、音量、清晰程度、时间模式等。每个变量都能提供一些信息，因此声音的信息容量非常大。

海豚是通过声音信号与同类进行沟通、联络的动物。它们的声音信号反应，可能是世界上最接近于人类语言的动物语言。科学家曾做过这样一个有趣的实验。他们首先让两只养在同一水池里的海豚学会了一种技巧，即当它们看到某一图案时就会条件反射地去推压左侧的装置，而看到另一图案时又会推压右侧的装置。在这之后，科学家用隔板将水池一分为二。这就使水池右半部的海豚能看到图案，却无法触及相应的装置；水池左半部的海豚能触及装置却又看不见那幅刺激它推压装置的图案。然而水池隔开不久之后就出现了奇迹。左半部那只海豚居然能在没见到图案的情况之下，准确无误地推压装置。这一事实表明：右半部水池里的海豚通过声音信号将展示的图案及展示时间这样复杂的信息准确无误地传达给了同伴。

声音对于动物的生存具有以下作用。

维系社会生活

例如，狒狒通过类似于语言的叫声来交流感情、传递信息。它们通过打斗、吼叫等方式决定雄性个体在家族中的地位。地位高的狒狒在日常生活中，通常不需要再和其他雄性打斗，而是通过声音来显示自己的威严。当幼年狒狒攻击一只年长狒狒时，其他年长狒狒就会追逐、恫吓它，使得幼年个体逐渐认识到自己的地位。家族里的首领还常常通过声音来控制整个族群的活动、摄食和御敌。生活在我国云南的长臂猿有时会整群发出此起彼伏的呼唤，一是保持群体之间的联系，二是告知外的同类群体让它们不要来这里活动和摄食。鲸鱼在海洋深处也能发出一种频率很低的声音，主要用来保持群体间的联系。

求偶

靠美妙的声音来吸引异性的现象，在昆虫和鸟类当中非常常见。在各种鸣虫中，蟋蟀的鸣声清脆好听，这是雄性蟋蟀依靠前翅摩擦发出声音吸引雌性；蝉的鸣声粗犷嘹亮，这是雄蝉在向异性发出召唤；纺织娘(图 9-1)的

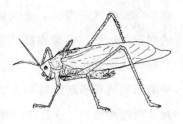

图 **9-1** 纺织娘

鸣声很像织布机的声音，时高时低，悠扬而动听，这是雄虫在向雌虫展示自己的魅力。伊蚊婚飞时能发出一定频率的音调，这是它们在寻找配偶。这种音调能让相隔 36 米之遥的雌雄个体知道彼此的存在，而且伊蚊靠这种音调还能同时探测几个目标。鸟类的歌声通常婉转多变，音调优美动听，这是雄鸟在繁殖季节宣布占据地盘、寻求配偶。

每只雄性座头鲸（图 9-2）在繁殖季节都变成了出色的音乐家，自己就可以表演气势恢宏的交响乐。座头鲸没有声带，靠体内空气的流动发声。座头鲸音域宽广，音调高亢，将雷鸣般的低音节和呼啸尖锐的高音节混合在

图 9-2　座头鲸

一起倾吐出来，洋溢在海面上，上百千米以外的雌性座头鲸都能清楚地听到雄性的歌声而被吸引过来。所以，人们称座头鲸为动物世界里最杰出的歌星。

报警

根据声音用途的一般趋势来看，鸟类在多数情况下是通过叫声来扩散警报的。针对危险情况的不同，有些鸟类的报警声还会有不同的类型。例如，欧洲小黄莺有两种报警的叫声。一种是所谓的"鹰"叫声，当它们看到在头顶上空的猛禽袭来时就发出这样的叫声，这是一种频率高、音色脆弱和渐起渐断的叫声；另一种是针对地面威胁的叫声，当它们看到来自地面的危险时会发出一种响而尖锐并断断续续的声音。许多种类鸟的"鹰"叫声都是频率高、渐起渐断的，这就使得袭来的猛禽难以确定是谁发出了警报，发警报者因此可以逃脱危险。也有少数鸟类，如信天翁这样较大

的海鸟，是缺少报警叫声的，因为它们一般生活在海上或荒芜的海岛上，在那里，一般不会遇上偷袭的捕猎者。

许多食肉目的动物在警告对方时会发出一种音调较低的"呼呼"声。例如，猫在进食时如果受到打扰，就会发出这种声音。此时如果继续打扰它进食，就可能被抓伤。像鸟类一样，哺乳动物也能用声音来扩散警报，这是特别有用的，因为这些警报能扩散很远的距离。这样的例子很多，例如，麋鹿从危险地带逃离时，会发出一种强烈的咳声，警告同种其他个体不要前来；许多灵长类动物，如狒狒，在报警时会发出咆哮或尖声的喊叫。长颈鹿在遇到危险时用哼声来警告同类其他个体，还会用猛烈的疾跑产生的剧烈的蹄声来传递警报，这可以看作视觉信号和听觉信号的综合运用。

在报警信号中，包括鸟类和哺乳动物，都能用不同强度的警报表示危险的轻重程度。海鸥会用一系列断断续续的音调告知同伴这里的危险程度。倘若捕食者刚刚靠近海鸥，而它们在水上又相当安全，那么它们就发出低强度的报警声，仿佛人在要说话之前先清清嗓子；然而，当它们在陆地上移动时，由于一个人的突然靠近而受到惊吓，海鸥就会发出高而尖和明显断断续续的音调。其他海鸥的反应也直接与这些信号有关，低强度的报警音调只引起海鸥的注意和向四周环视的动作；而一听到高强度音调，它们就立即起飞，在天空盘旋一圈，然后离开。哺乳动物的信号也是这样，如鹿的报警信号，可能是低而机敏的咳声，也可能是尖锐的警告，这完全取决于危险的程度。而接收者的反应总是和报警信号的强弱直接相关。

互利互惠

不同类的动物之间也能通过声音进行交流，达到互利互惠的目的。响蜜䴕（图 9-3）生活在非洲丛林地区，非常喜欢吃蜂蜜，而且能在飞翔的时候发现蜂巢，但它们自己却对付不了蜂群的进攻。每当响蜜䴕发现一个蜂巢时，它们便发出刺耳的尖叫，同时在林间穿飞。叫声被蜜獾听到后，蜜獾就会跟着响蜜䴕跑。就这样，响蜜䴕把蜜獾引到蜂巢

图 9-3　响蜜䴕

前，自己躲在远处的树枝上静观蜜獾捣毁蜂巢。很快，蜜獾喝足了蜂蜜，吃够了蜂卵扬长而去。这时蜂群因家园被毁而四下逃逸，响蜜䴕就飞下树枝来，享用蜜獾吃剩下的蜂蜜。因此，响蜜䴕被人称作指路鸟。在英文中，响蜜䴕被称作"honeyguide"，意思是向蜜鸟。当地人知道响蜜䴕有这种独特的本领，就跟在它们的后面，这样他们每次外出寻找蜂蜜都不会空手而回。非洲的黑犀牛身上会生长一些讨厌的扁虱和其他寄生虫，而犀牛鸟非常喜欢这些食物，它们通常停在犀牛的身上到处找这些寄生虫吃，犀牛感到非常惬意，非常愿意让它们来捉寄生虫吃。作为回报，当有大型猛兽出现时，犀牛鸟会发出一种很小的警告声音，犀牛便会警惕起来并及早做好反击或逃跑的准备。

四、动物的发声机理

动物发出的声音不同，那是因为它们的发声系统各不相同。鸟类的叫声最为多样化，"语言"最丰富，是因为鸟类长有鸣管，

能发出富于变化的声音。座头鲸（须鲸类）是动物界的"大嗓门"，它缺少声带，可能是通过将空气在整个身体里循环而发声的；白鲸（齿鲸类）能发出多种声音，甚至能模仿其他动物的叫声，它通过挤压空气进入一个称为声唇的类似人类鼻腔的头部结构发声。蛙吸入的空气从喉经过，使发声器官振动，从而发出叫声。虎吼叫声的发出和人类有些相似，是利用肺呼出空气，然后用咽喉、口鼻组合成的空间共鸣，发出吼声。通过长期的自然选择，很多动物的发声器官进化得非常奇特。例如，丹顶鹤高亢、洪亮的鸣叫声，与其特殊的发音器官有关。它的颈很长，鸣管也长，约1米，是人类气管长度的五六倍，鸣管末端卷成环状，盘曲于胸骨之间，就像西洋乐中的铜管乐器一样，发音时能引起强烈的共鸣，声音可以传播 3～5 千米。我国第一部诗歌总集《诗经》中，就有《鹤鸣》篇：鹤鸣于九皋，声闻于野。

　　昆虫的鸣叫声不是由气管或喉部发出的，而是由特殊的发音器官产生的。雄性蟋蟀的发音器官由前翅上的音锉和刮器组成。音锉长在前翅基部的一条斜翅脉上，上面顺序排列着数十个音齿。刮器则长在音锉前下方，是一条比较坚硬的翅边。蟋蟀鸣叫时，总是右前翅盖在左前翅之上，两个前翅高举在背上呈 45°，然后由胸肌牵动两翅，不停地张开又闭合，这样刮器便与音锉产生摩擦，造成前翅上的发音镜振动，发出清脆的鸣声。音律的高低与长短，由刮器对音锉的刮击轻重和连续性来调节。刮击的程度重，前翅上发音镜的振动强度大，发出的声响就大；连续刮击音节长，刮击时而间断音节就短。刮击有轻有重、有断有续，便会演奏出优美的旋律来。

　　蝉的鸣声粗犷嘹亮。它们的发声器长在腹部两侧，包括两片有弹性的薄膜，叫作声鼓。声鼓与身体内发达的声肌相连，外面有一块起保护作用的盖板，盖板和声鼓之间，有一个空腔，叫作共振室。蝉的鸣声，主要是靠声鼓和声肌发出来的。声鼓是一层脆韧有褶皱的向外突出的薄膜，当声肌迅速收缩时将声鼓向里拉，声肌松弛时声鼓向外凸，这样迅速连续不断地变换使声鼓振动，便发出声音来，经共振室扩音放大，张开盖板，声音就传出来了。声肌收缩的快慢和强弱决定音节的长短，收缩的强度大小决定音调的高低，所以有"蝉以肋鸣"的说法。

纺织娘也是很出名的鸣虫，它们能发出很像织布机的时高时低、悠扬动听的声音，因而得到了"纺织娘"的美称。纺织娘和蟋蟀一样也是靠翅膀发声的。除了一对淡绿色的前翅，它们还有一对薄纱似的后翅。当它们振动翅翼时，前翅上的音锉和刮器互相摩擦带动发音镜振动而发声，后翅没有发音组织，但也能沙沙作响。由于翅翼的结构不同，前翅发声频率高，后翅发声频率低，鸣声就变得一会儿高、一会儿低，余音袅袅，分外悦耳。

五、动物的电信息传递

生理学家发现，组成生物体的每个细胞都是一台微型发电机。一个活细胞，不论是兴奋状态，还是安静状态，都不断地发生电荷的变化，科学家将这种现象称为"生物电现象"。在不受外界刺激的情况下，质膜外侧带有正电荷，内侧带有负电荷，这种电位叫"静息电位"。当细胞受到刺激产生兴奋时，质膜上的电位就由外正内负变成外负内正，这就是"动作电位"。动作电位向四周扩散，就形成了局部电流。根据这个原理，人们可以测得心脏的电流，并将电流变化绘制成心电图推测心脏的功能是否异常，为正确诊断心脏疾病提供依据。同样，人类的大脑也能产生电流，因此医生只要在人的头皮上安放电极，用仪器记录他的脑电波变化，就可以推断这个人脑部是否有病。

　　动物体任何一个细微的活动都与生物电有关。对外界刺激做出反应、心脏跳动、肌肉收缩、眼睛开闭、大脑思维等，都伴随着生物电的产生和变化。可以说生物电是细胞之间、组织器官之间信息交流的重要纽带，依靠生物电建立的联系，使动物体能够协调、统一地进行各种生命活动。

　　据测量，人的心脏在跳动时会产生1~2毫伏的电压，大脑在读书或思考时会产生0.2~1毫伏的电压。借用这个原理，科学家在老鼠的皮下植入一台微型发射机，用老鼠身上引出的生物电为它供电，这台微型发射机可以连续工作6个月的时间。这样就能长期跟踪老鼠的活动轨迹，为人类控制鼠害提供可靠的信息。

　　很多动物还在进化中形成了专门的发电器官，用电进行更加复杂的生命活动。有人统计过，全世界大约有500种鱼类有专门的发电器官。它们能借助生物电在黑暗的水中世界进行导航、联络、求偶、觅食、攻击以及辨别其他鱼的性别、种类甚至年龄等。

　　广布于热带和亚热带近海的电鳐（图9-4）是有名的发电能手。它们的外形很像一把厚厚的团扇，背腹扁平，头胸部连在一起，尾部呈粗棒状。电鳐的一对小眼睛长在背面前部的中央，在身体的腹面有一横裂状的小口，口的两侧各有5个鳃孔。电鳐常栖居在太平洋、大西洋、印度洋等热带和亚热带海域的底部，行动迟缓，体长一般在2米左右。我国东南沿海一带，也有

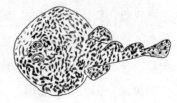

图9-4　电鳐

电鳐分布，但体形较小，一般都在 0.3 米以下。

　　电鳐生活在深水之中，怎么会发电呢？科学家经过解剖研究发现，电鳐头胸部腹面两侧各有一个肾脏形、蜂窝状的发电器，每个发电器大约由 600 个呈六角形的柱状管组成，每个柱状管是由一块块肌肉纤维组织重叠而成的，肌肉纤维组织的一面与神经末梢相连，当电鳐的大脑神经受到刺激兴奋时，电鳐两侧的发电器就能把神经脉冲变成电能释放出来。电鳐的一个电脉冲的瞬间电压可以达到 100 伏，甚至能让 6 个 100 瓦的灯泡像霓虹灯广告牌一样闪光。放电的瞬间，不仅电压高，而且电流也很大，能把 50 安的电阻丝烧断。电鳐行动迟缓，攻击力不强，它们靠强大的电流击退捕食者或电晕一些小鱼作为食物。

　　非洲的电鲇（图 9-5）能产生 350 伏的电压。南美洲亚马孙河及奥里诺科河中的电鳗，身长 2 米，放电器官在尾部，能够在身体周围制造电场，感知附近的事物，并与同类进行交流。电鳗放电频率、放电时间、电场强度等的不同，表示不同的信息，可以说，它们放电就是在说话。在繁殖季节，雄性电鳗的放电频

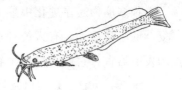

图 9-5　电鲇

率明显增加，放电间隔变短。频繁的大强度的放电，也是其求偶炫耀的一种方式，它们是在告诉雌性：看我电多足！精力多充沛！快选择我吧，我是最优秀的！捕猎的时候，电鳗会改变电量输出，以极高的频率和极大的电量放电，能产生瞬间电流 2 安、电压 800 伏，使近距离的猎物瞬间毙命，稍远一点的猎物也会被它们电晕，所以放电也是它们的捕猎绝招。

象鼻鱼(图 9-6),学名鹳嘴长颌鱼,也是一种能发电的鱼,多分布在非洲热带地区的河流或湖泊之中。头吻部较尖,下颌延长似小管状,能动,用以探觅食物。

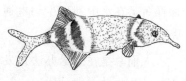

图 9-6 象鼻鱼

象鼻鱼的发电器官长在尾端的两边。象鼻鱼不仅能发出电脉冲,也能接收。它的背上具有一个能接收电波的东西,就像雷达天线一样。当象鼻鱼的吻部连同眼睛都钻入泥沙寻觅食物时,尾部的发电器就能向四周发射电脉冲。在安静状态时,象鼻鱼能发出低频率的电脉冲探测周围的物体。如果附近有其他象鼻鱼,它们发出的电脉冲能立即迅速升高,达到一定程度时,双方的电脉冲又降低,逐步恢复到正常的低频状态。这可能是两条象鼻鱼在通过电脉冲交流信息。如果遇到敌害,背部的电波接收器就会接收到不同的电波反射信号,象鼻鱼就赶紧逃之夭夭了。

人们利用电来进行空中通信,是从电报开始的,无线电报至今仅有 100 多年的历史。现在人们可以利用无线电波与地球上任何地方的人进行通信,甚至还可以与天上的卫星建立联系。但是,对人类来讲,使用无线电波在水中通信依然非常困难。陆地上的指挥中心如果要与水下 15 米深的潜水艇进行通信,无线电波的发射功率就要达到几兆瓦左右,并且潜艇只能接收,不能回答。随着潜水深度的增加,水中通信也会变得越来越困难。但象鼻鱼用生物电在水中通信的历史,却早已超过千万年了。某些海洋鱼类,具有非常高超的水中通信本领。例如,一条 500 克的鲐鱼(青花鱼),就能用十分微小的功率与百米之外的同伴建立联系,甚至还能将有关的信号从水中发射到空中去。所以,如果我们弄清楚了海洋鱼类在水中利用生物电通信的原理，潜水艇通信的问题就有希望解决了。

人们总是在想尽办法地发明了一项新成果之后，又发现这项本领其他生物早就在使用了。鱼类非凡的水中生物电通信本领，引起了人们的极大兴趣。现在，运用仿生学的知识，人们制造了一种新颖的水中电波发射机，在输出 100 毫瓦的微小功率时，就能与 250 米远的目标建立联系。

六、动物的化学信息传递

俗语有"鼠目寸光"的说法，这是由于老鼠是近视眼，只能看清 12 厘米以内的物体。它们的听觉也不够灵敏，一张报纸就能让它们听不清外面的声音。老鼠的生活环境十分复杂，天敌也很多，在这种情况下它们靠那不够出色的视觉和听觉是不可能生存下来的。那么，老鼠靠什么感受外界环境的变化呢？它们之间是通过什么来进行交流的呢？原来，它们主要通过发达的嗅觉判断周围有没有食物、有没有危险。据研究，老鼠的嗅觉比狗灵敏 10 倍。它们的鼻子前端有一种类似探测器的神经节，可以感知到环境中气味的微小变化。当一只老鼠被捉住的时候，它就会释放出某种化学信号，其他老鼠感知到以后，就不会出现在这只老鼠被捉的地方。这就是老鼠之间的化学通信。

很多动物都会利用化学通信。当一条狗抬起一条后腿对着某个目标排尿时，那是它在利用尿液的气味划定领地。狗可以根据尿液的气味辨别出自己是否闯入了其他狗的领地，如果没有足够的把握，它们会选择离开。

很多生物都能向外界环境释放某些化学物质，这些物质主要通过专门的感觉器官（如昆虫的触角、触须等）来感受。化学信号就像人类的语言，对于很多生物的摄食、避敌、繁殖等生命活动起着非常重要的作用。在农业生产上，人们也经常利用生物信息素干扰有害昆虫的交尾，从而影响它们的繁殖，达到既控制了害虫，又避免了因大量使用农药造成的环境污染。

"鲜花泌蜜惹蜂飞，蜂飞不紊有条规，条规遵行多巧妙，巧妙原因究靠谁？"相传这是鲍叔牙写的吟蜂诗，能够反映出蜜蜂这个群体的生活是严密有序、有条不紊的。在研究蜜蜂和蚂蚁等营社会性生活的昆虫时，人们发现它们能释放多种信息素。在一窝蜜蜂里，蜂王负责产卵繁殖，工蜂负责劳动。工蜂又有不同的分工：有负责外出寻找食物的，有负责清理巢穴的，有负责保卫的……当敌害来临时，保卫工蜂就会在自己向敌害发起进攻的同时释放一种"告警信息素"，促使其他蜜蜂都向"侵略者"发动进攻，这就是蜜蜂受惊动时群体的"蜂反现象"。蜜蜂在发现了蜜源以后，除了跳"8"字舞来告诉其他蜜蜂蜜源的方向以外，还会释放一种叫作"追踪信息素"的物质，使其他蜜蜂跟着自己去采蜜。在一个蜂场里会养很多箱蜜蜂，那么它们是怎么找到自己的家的呢？这是因为每一只蜂王都会分泌一种特殊的被称为"聚集信息素"的物质，这种物质飘散在蜂箱周围的空气中，这只蜂王的子民能够识别出来，其他蜂王的子民则对它不敏感，工蜂就是靠着这种信息素准确地找到自己的家的。自然界中每年到一定季节蝴蝶会从四面八方飞到某一固定的地点来"聚会"寻找配偶，甲虫召集其他个体共同取食，蜻蜓吸引其他雌虫到某固定地点产卵等，也是各类信息素在起作用。

很多昆虫还能分泌性信息素，又称为性引诱剂、性外激素。

这是一种由成虫腹部末端或其他部位的腺体所分泌的、能引诱同种异性昆虫前来交尾的激素。这种激素排到体外后仅需极微量就有强烈的生理活性。目前已有若干种性信息素的化学结构被阐明，大多属于酮类、醇类和有机酸类。现在已经能够用人工合成的性信息素作为引诱剂，与诱蛾灯或杀虫剂相结合以防治害虫。这种方法具有用药量极少、不会污染环境、对人畜安全等优点。

此外，昆虫中还存在种间信息素，如利他信息素和利己信息素等，在不同种昆虫之间可传递信息并引起各种行为反应。

科学家经研究发现，植物在遭受迫害时也不会"坐以待毙"。它们会在被取食时予以反击，分泌一些化学物质来杀灭或驱逐取食者。例如，橡树叶片在被舞毒蛾取食后，其中的单宁酸大量增加。吃了含大量单宁酸的橡树叶片，舞毒蛾变得食欲不振、行动呆滞，不是病死就是被鸟类吃掉。此外，植物还会分泌一些化学物质吸引害虫的天敌。科学家发现，如果玉米地遭到玉米螟蛾的侵害，玉米会向空气中释放一种挥发性的化学物质，这种化学物质的气味会马上招来玉米螟蛾的天敌——姬蜂，姬蜂杀灭螟蛾，保护了玉米。

动物的各类通信行为是漫长的进化与长期的自然选择的结果，是动物适应环境变化的方式。动物在觅食、繁殖、攻击、防卫等行为活动中的通信行为展现出非凡的才能和智慧。动物的通信方式不是单一的，而是多种信息传递方式协调配合，信号的完善和综合程度也是随生物的进化而提高的。目前，动物的通信行为在仿生学上有着极为重要的应用。例如，采用人工合成信息素及利用现代干扰技术（如声音控制等）防治有害昆虫，在生产、生活当中具有较广阔的前景和实践意义。

七、动物如何进行领地标识

在自然界，虽说天大地大，但生物种类太繁盛了，每个物种都有自己独特的生存需求，这种需求的最大竞争对手不是别的物种，而是和自己同种的其他个体。所以，很多动物都有自己的领地。那么，动物如何向同类告知自己的领地范围呢？具体有以下几类。

很多鸟类不但靠鸣曲求偶，也通过鸣曲告知同类，特别是同性同类不要靠近。如果谁不守规矩冒犯了别人的领地，就会被冲上来的主人赶走。

斑鬣狗（图 9-7）以家族为单位进行群体生活。它们一般集体行动，共同巡视自己的领地，并用尿液把领地的边界标出来。如果有一个族群在边

图 **9-7**　斑鬣狗

界上捕猎，常会引发一场相邻族群间的冲突。

狼和狗也常用尿液来标记它们的领地。有动物学家发现狼会在领地周围用尿标记，自己生活在所有标记范围内。在觅食过程中，狼也常常用尿液标记沿途的道路。这就像人类外出时，沿途标记让自己认识回来的路。当一条狗翘起一条后腿对着路边的小树撒尿时，就意味着它已经在这里做上了标记。狼和狗也用大便来标记领地，它们的肛门腺能分泌某种挥发性的物质，这种物质随粪便排出，可以作为标记使用。在我们看来，狗对排便地点好像很挑剔，每次排便前总是前蹲后跳，下抓上挠，其实这是它们在挑选合适的标记地点。

虎喜欢在突兀的物体上用尿或粪便做标记，如山岩、树干、木桩等，在地面的雪被上也常发现虎的尿斑，在树干上、雪地上常常可以看到虎的抓痕，这都是它们留下的标记。雌虎和雄虎都会定期加强气味标记，在与邻近虎接触可能性较多的地方，气味标记的频率相对较高。一只虎可以通过气味辨别某一气味标记是谁留下的，是邻近的虎还是外来的虎，是雄虎还是雌虎，如果是雌虎，是否已经发情。

八、动物信息交流的特异化

俗话说，禽有禽言，兽有兽语。在进化过程中，每个物种的生物学特征不同，适应环境的方式也不同，导致每个物种进行信息交流的方式也不同。长期的演化与适应，导致每个物种的通信信号逐渐变得基本只有本物种的个体可以接受、理解并做出应答。甚至由于长期的地理隔离，有些物种演化出只有自己种群内部能够接受、理解并做出应答的信号。这就是通信信号的特异化。例如，人就闻不出老鼠被夹住后留在夹子上的遇险信息素，也不能理解秋夜里蟋蟀唧唧叫声的意义。尤其是对于性引诱信号，雄性进化出具有本物种特异性的信号，雌性也进化出对信号的特异性应答。性引诱信号通常只为同种的异性个体所接受，因而避免了无效交配的出现。但有时特异性也不是十分严格的，也存在着物种之间的交叉应答，也就是一个物种的通信信号也为另一物种的个体接受。例如，一种鸟的报警信号常为其他种鸟所接受，一种植食性动物的报警信号也可以被其他植食性动物采用，这是一种种间合作。

动物的通信行为是通过自然选择演化而来的，每一类通信行为都有自己独特的进化历程，这一过程复杂而且艰辛。在不同的自然环境下，不同物种采用了不同的适应方式，形成了一些特殊的表达方式，用于个体间的信息交流。在同一物种内，由于地理环境的分隔，不同地域的种群之间长时间没有基因交流，有时通信信号也出现类似人类语言中的"方言"。这种情况见于鸟类、哺乳类以及昆虫。鸟鸣的基调是先天性的，而具体鸣叫方式则通过模仿学习而来，不同地理区域鸟类的鸣叫差别就导致"方言"产生。例如，把美国海鸥的鸣叫声用录音机记录下来，播放给荷兰和法国的同种海鸥听，它们不能做出对应的反应，说明它们听不懂美国海鸥的"方言"。

生物个体之间以及生物与环境之间的信息交流，能使生物及时适应环境的各种变化，使生物更好地生存下去。生物体的结构越复杂，信息交流的方式越多；生物体之间的关系越复杂，个体间的信息交流越频繁。从起源上看，人类祖先就是从树上来到地面以后，由于生活环境复杂多变，生存竞争异常激烈，这时，只有不断地进行信息交流，才能在弱肉强食的严酷环境里生存下来，正是这种频繁的信息交流，使人类的祖先变得越来越聪明，最终超越了其他动物。

九、动物的学习行为

小猫一出生就会吸吮母猫的奶头，蝴蝶刚刚羽化而出就会飞翔，蜜蜂天生就会建造复杂的六角形蜂巢。动物的这些行为都是与生俱来的，是一种先天性的遗传行为，称为本能行为。而有些行为则与本能行为不同，是通过后天学习获得的经验性行为，称为学习行为。

天鹅出生不久就会下水游泳，但它要在天空中自由飞翔，就需要向同类学习。学习行为是建立在先天遗传基础上的。无论是低等动物，还是高等动物，通过学习都能使自身更加适应环境。一般来说，越高等、智商越高的动物，学习能力就越强。动物越高等，生活环境越复杂，需要学习的东西也越多，它们的行为也越复杂。由于环境复杂多变，生存竞争异常激烈，只有学习能力强的动物才能更好地生存下去。

习惯化学习

当同一种刺激反复发生时，动物的行为反应就会逐渐减弱，最后可完全消失，除非再给予其他不同的刺激，行为反应才能再次发生。这就是我们常说的习以为常。在野外生活的麻雀一有点声响就会马上飞走，而在城市里生活的麻雀，面对熙熙攘攘的人群和轰鸣喧闹的车流却视而不见，听而不闻，照常吃食。当然，如果出现了不寻常的声响，如鞭炮声，它们仍然会一哄而散。刚出生的小鸡看见一片树叶、一段树枝、一只小虫子，都要反复观看，叼啄品味，经过多次的学习体验，它知道了哪些是可以吃的、哪些是不能吃的，就再也不会对树叶、树枝感兴趣了。

在人类社会中也有这样的现象存在，人们常会对常见的事情见怪不怪，也常会对自己天天吃的东西感到厌倦，如果每天都在嘈杂的环境中工作，时间长了就会感觉不到噪声了。"入鲍鱼之肆久而不知其臭，居芝兰之室久而不闻其香"，这也是习惯了环境气味的结果。

模仿学习

"照着葫芦画瓢"就是一种模仿。动物在幼年时会模仿抚育者或其他成年动物的行为，来学习一些基本的生存技能。

模仿学习在动物适应环境上有着重要意义，它能让动物从同种的其他个体身上获得对生存有用的经验，可以将同类适应环境的行为直接变成自己的行为。这个过程不必经过遗传机制的传承，可以让动物更好地适应环境中各种各样的临时性变化。

黑猩猩是人类的近亲，能够用石块砸开坚果，吃掉里面的种子。但砸坚果是需要技巧的：如果选用的石块太小，或用力太小，就砸不开；如果选作工具的石块太大，或用力太大，就会将坚果砸得粉碎。幼年的黑猩猩很难掌握这项技巧，需要不断地观察年长者的行为，长期向年长者学习。研究人员发现，黑猩猩要经过将近10年的模仿学习才能熟练地掌握砸坚果的技巧，使坚果在恰好被砸开的时候，果仁也完好无损。在20世纪60年代，动物学家在大不列颠岛研究山雀的学习行为时，发现一个有趣的现象：一只山雀偶然撕开放在订户门前的牛奶瓶盖，从瓶中偷食了牛奶，这种行为很快被其他山雀模仿，不久，这一行为在大不列颠岛的所有山雀中传遍了。送奶工人不得不在每个奶瓶上再扣一个杯子。

印痕学习

动物行为学家发现，很多动物一出生就能四处活动，如大部分鸟类、豚鼠、绵羊、山羊、鹿，这样的动物往往有印痕行为。它们会把一出生首先看到的大的活动目标，如人或其他动物当作自己的父母，并紧紧地尾随其后。印痕学习是新生动物学习的一种重要形式，它可以使那些没有自卫能力的小动物紧紧依附在父母身边，得到充足的食物供应和周到的庇护。

奥地利动物行为学家康纳德·洛伦兹曾做过这样的实验：他把灰鹅的蛋分为两组孵化，一组由母鹅孵化，一组由孵化箱孵化。结果由孵化箱孵化出来的小鹅把洛伦兹当成了亲鸟，洛伦兹走到哪儿，小鹅也跟到哪儿。如果把两组小鹅扣在一只箱子下面，当提起箱子时，小鹅会有两个去向，一组向母鹅跑去，一组则跑向洛伦兹。

有研究人员报道，某些动物的印痕学习行为会对它们的成年生活产生一定的影响，尤其是繁殖行为，这些动物更愿意与由于印痕学习行为所认定的父母（同类，甚至人类）结伴，甚至对其求偶。有一次洛伦兹就被他饲养的八哥当成了求爱的对象，八哥不断地往他嘴里塞食物。这也许就是一些自幼由饲养员养大的动物成年后难以成功繁殖的原因之一。

印痕学习行为是一种高度特化的但有局限性的学习行为，许多印记只在动物一生的某一特定的时期才能学到。例如，许多鸟类最易掌握飞翔本领的时间恰值羽毛始丰之际，若在这段时间剥夺了它们学习飞翔的机会，以后它们就很难学好飞行了。这可能是因为在生命的早期，神经系统处于一种特殊的状态，只有这一时期才能接受这类刺激，尔后神经系统逐渐改变，动物就不能再进行印痕学习了。这种行为虽然发生在早期，但对晚期的行为有一定的影响。

联想学习

美国心理学家伯尔赫斯·斯金纳设计了一个著名的实验，在箱子里放进一只白鼠或鸽子，并设一杠杆或键，箱子的构造尽可能排除一切外部刺激。动物在箱内可自由活动，当它压杠杆或啄键时，就会有一团食物掉进箱子下方的盘中，动物就能吃到食物。这样动物一旦学会压杠杆或啄键，便会不断地去操作，以得到更多的食物。

箱外有一装置记录动物的动作。斯金纳实验说明，动物能学会把一定的动作同食物联系起来，即动物是具备联想能力的。

推理学习

　　古希腊人认为，具有理性思维并且懂得推理，是人类与动物的根本区别。多数人都觉得这种说法非常有道理。可是大约在 100 年前，有心理学家发现，动物也有一定的推理能力。例如，黑猩猩可以利用推理的方法来解决一些难题，如绕道取食。把食物放在玻璃板后面，动物要拿到食物必须先绕过玻璃板，解决绕道问题是动物的推理，即明白了阻隔的存在和解决的办法。较低等的动物对此只会兴奋地乱爬或是乱扑乱撞玻璃板。但是，较高级的哺乳动物，如狒狒、猕猴、猩猩等可以很快地解决这一问题。

　　德国科学家沃尔夫冈·科勒对黑猩猩的学习行为进行了一系列的实验，证明黑猩猩的确有推理的能力。他把香蕉挂在天花板上，在屋里放 3 只木箱，黑猩猩只有把 3 只木箱垒在一起才能吃到香蕉。开始时黑猩猩到处乱跑，一会儿它安静下来了，仿佛在思考问题，然后它移动 1 只木箱去摘香蕉，结果够不着。于是它将 2 只木箱垒在一起，还是够不着。最终它把 3 只箱子垒在一起拿到了食物。

第十章　动物的利用与珍稀动物

一、动物的利用

狗——人类最忠实的朋友

狗是一种常见的犬科动物，是狼的近亲，寿命约十多年，个别甚至可达 30 年。狗是人类最忠实的朋友，也是饲养率最高的宠物。

人类与狗之间的友好渊源可以追溯到 1.5 万年前。经过长期的人工选择与进化，狗已经脱离了一般家畜的范畴，与人类建立了亲密的伙伴关系。俗话说"儿不嫌母丑，狗不嫌家贫"，就是说不论主人给狗的待遇好与差，狗都能忠心耿耿地帮助人类完成各种各样的工作。

狗是文学作品、影视作品里常用的题材。在《野性的呼唤》《白牙》等脍炙人口的作品里，狗都是重要的角色。

狗可以担任警卫看家护院，保护主人的生命和财产，也可以拉雪橇、放牧牛羊、打猎等。比较著名的工作犬有德国牧羊犬、拉布拉多猎犬、金毛寻回犬和史宾格猎犬等。它们体型适中，聪明能干，而且很有耐力。凭借比我们灵敏的鼻子，它们被训练成为搜毒犬、搜爆犬、漏气探测犬和搜救犬。

此外，狗还是人类重要的实验动物。比如在医疗、药品研究中，由于小白鼠的体重和人相差太大，所以经常需要用狗来做实验。

20世纪五六十年代，苏联曾多次使用狗进行太空飞行来研究人类太空飞行的可行性。其中最著名的是一条名叫"莱卡"的小狗。莱卡是飞上太空的第一个地球生命。科学家把它送入火箭顶部的加压密封舱里，有一个摄像头对着它的头部。在它的身体表面和皮下还安装了一些传感器，用来监测它的呼吸和心跳。进入太空以后，关于它的画面和其他监测数据就会自动传回地面。遗憾的是，莱卡飞上太空仅几小时就死于惊吓和中暑。尽管它在太空只生存了几小时，却为未来的载人飞行提供了重要的依据，为载人航天积累了宝贵的经验。为了纪念莱卡，苏联在1957年为它发行了纪念邮票，后来莱卡还成了一种香烟的商标，再后来人们还在莫斯科为它修建了一座纪念碑。1997年，俄罗斯人在航天研究所里建立了莱卡纪念馆。如今，全世界至少有6首歌为它而谱写，记述它这次孤独的单程太空之旅。

蛇的用途

蛇来去无声，能以迅雷不及掩耳的速度发动进攻，有些种类还带有剧毒。这些特点让人们对蛇怀有复杂的情感，觉得它们十分神秘，对它们既充满了好奇，又有一种说不出的敬畏。在古代，很多民族都把蛇作为图腾进行崇拜。随着社会的发展和进步，人们对蛇的了解和利用也越来越多。人们发现，蛇全身都是宝，从蛇胆、蛇皮到蛇肉、蛇毒，都有重要的利用价值。

蛇胆

蛇胆是蛇体内储存胆汁的胆囊。蛇胆是一种名贵的中药材，金环蛇、眼镜蛇、蝮蛇等毒蛇的蛇胆药用价值更高。蛇胆性凉，味苦微甘，可以明目、祛风除湿、去痹解毒，对目赤红肿、咳嗽多痰、高热神昏等有很好的疗效。蛇胆只占整条蛇很小的一部分，但它的价值可占整条蛇的 70％左右。在中国，有十多种用蛇胆制成的药物，如蛇胆川贝液、蛇胆枇杷膏等。人们还把它加工成蛇胆酒、蛇胆真空干燥粉等保健食品。

需要注意的是，蛇胆的药用价值虽然很高，对许多病症也有良好的疗效，但是生吞生服蛇胆时，个别新鲜蛇胆可能会携带细菌进入体内，如沙门氏菌等。另外，蛇体内还常有寄生虫，所以，生吞生服蛇胆不但不卫生，还有一定的危险。严重的可引起急性胃肠炎、伤寒等疾病。

蛇皮

蛇皮花纹美观，韧性好，迅速干燥后，可保持原花纹色斑不变。根据这些特点，有些蛇的皮可以用来制作乐器，如蟒蛇皮、乌梢蛇皮、滑鼠蛇皮可以制成二胡、京胡等乐器。蛇皮上的色斑经漂白精染之后，显得十分典雅华丽，所以蛇皮又是国内外市场上非常受欢迎的名贵皮革，可以用来制作皮鞋、钱包、挎包以及标本等工艺品。蛇皮还是一味中药，有退翳明目、解毒消肿、祛风定惊的功效。

蛇肉

蛇肉细嫩鲜美，风味独特，古有"作脍食之"的记载。蛇肉还有一定的食疗价值，有祛风除湿、活血祛瘀、消肿止痛、解毒洁肤的作用。蛇肉经常被做成蛇羹食用，或煮、烤后食用。人工饲养的蛇越来越多，蛇肉也渐渐成为一种较常见的肉食。现在，中国已经成为世界上最大的蛇肉消费国，每年消费的蛇肉超过 1 万吨。在一些地区，对蛇肉的大量需求和保护野生动物的相关法律比较落后，导致走私蛇的活动比较严重。

由于爬行动物的免疫力较差，蛇的肌肉、血液、胆囊都有可能携带寄生虫或细菌。有人因为吃了不干净的蛇肉，脑部出现寄生虫。

人为地大量捕杀野生蛇类，会导致鼠害猖獗，也会造成一些以蛇为食的野生动物灭绝，从而破坏生态平衡。吃了带有寄生虫和细菌的蛇肉，也会对食用者的健康造成危害。所以，应该呼吁人们不食用野生蛇类。

蛇毒

蛇毒是毒蛇从毒腺中分泌出来的一种液体，是毒蛇经过上亿年的进化逐渐形成的，其主要作用是将猎物置于死地。不同种、甚至同种蛇在不同季节分泌的蛇毒都有差别。从致毒原理来看，蛇毒有神经毒素、心脏毒素、凝血毒素、出血毒素等类别。但所有蛇毒的主要化学成分都是毒性蛋白质，约占其干重的90%～95%。此外，蛇毒还含有一些小分子肽、氨基酸、糖类、脂类、核苷酸、生物胺类及金属离子等。总的来看，蛇毒成分十分复杂，不同蛇毒的毒性、药理及毒理作用都有各自的特点。

癌症是威胁人类健康的主要疾病之一，目前人们对癌症还没有特别有效的治疗方法。科学家最近发现，蝮蛇的蛇毒中有一种成分能抑制肿瘤生长，可以起到治疗癌症的作用。

日本科学家从蝰蛇的蛇毒中提取出促进血液凝固的成分，可以治疗外科、妇产科的出血性疾病。中国科学家从尖吻蝮的蛇毒中提取出可以溶解血栓的药物，用于治疗脑血栓、冠心病等心脑血管疾病。

我国已经利用人工获得的蛇毒先后成功研制了精制抗蝮蛇、尖吻蝮、银环蛇、眼镜蛇的抗蛇毒血清，这些抗蛇毒血清是治疗毒蛇咬伤的特效药，挽救了很多人的生命。

猪的趣事

猪是杂食类哺乳动物，属于哺乳纲偶蹄目猪科猪属，是六畜之一。在十二生肖里猪列末位，称为亥。家猪是由野猪通过长期的人工驯化、选择形成的。现在的家猪可以和野猪杂交并能产生可育的后代就是一个证据。广西桂林甑皮岩遗址发掘的猪牙、猪骨的 ^{14}C 鉴定表明，我国饲养家猪的历史已经超过了 1 万年。从生活习性上来看，家猪还保留有许多它们的野猪祖先的生存技能，如拱土寻食、喜欢洗泥水澡等。而这些技能的形成，应该是由它们在进化过程中的社会生活和食物压力造成的，是长期自然选择的结果。

早在母系氏族社会时期，人类就已经开始饲养猪、狗等家畜了。在浙江余姚的河姆渡古人类文化遗址出土了一只陶猪，它的形态特征与现在的家猪非常相似，说明在那个时期猪的驯化已经完成。在人类社会的发展和进化过程中，猪不但是重要的生活资料，还是人类重要的伙伴。

猪的胃肠消化、吸收能力强，饲料转化率高；性情温顺；食性杂，不挑食，剩菜剩饭、麦麸野菜都能大口吃掉；皮糙肉厚，不易生病，而且骨细筋少肉多。所以，猪是人们经常饲养的主要家畜。猪肉含有丰富的蛋白质和脂肪，还有铁、钙、锌等元素以及多种维生素，没有特殊的膻、腥气味，肉香浓郁。

很多人认为，其他肉类都有一定的滋补作用，唯有猪肉没有这方面的作用，这种说法不客观。《本草备要》指出："猪肉，其味隽永，食之润肠胃，生津液，丰肌体，泽皮肤，固其所也。"猪肉营养丰富，是一种常见肉食。但凡事都要有度，如果摄入过多，就会出现营养过剩的现象，导致身体出现肥胖、高血脂、高血压等症状。

一般人都认为猪是只知道吃了睡、睡了吃的愚蠢的动物。其实，即使是在高等的哺乳动物里，猪也是很聪明的动物。猪通过看、听、闻、尝、啃、拱等感观进行环境探索，表现出很发达的探究能力。通过长期的演化，猪具有非常高的智商。有的马戏团训练猪跳舞、打鼓、游泳、直立推小车，这些活动它学起来比狗还要快。

猪能防蛇也能吃蛇。因为猪体表有厚厚的猪皮，猪皮下还有厚厚的脂肪，毒蛇轻易咬不透猪的皮肤，即使咬破了，里面的脂肪也能中和蛇毒而防止蛇毒进入血管，所以猪不怕蛇。

猪喜欢低头拱土，而且猪对某种气味记忆的时间比狗长。缉毒人员利用猪的这个特点，训练出了缉毒猪。缉毒犬的训练比较复杂，而且耗时长，一条成熟的缉毒犬需要经过 3 个月的训练。而猪只需经过 1 个月的训练，就能完成缉毒犬的工作。由于猪对埋在土壤里的东西有着非常敏锐的嗅觉，人们甚至可以让它们用鼻子嗅出埋在土里的地雷。

目前，出于经济利益的考虑，人类已经成功绘制了猪的基因组草图。研究人员发现，猪的基因组与人的基因组差别不大，猪与人的多数基因都是一样的。其实，你只要仔细想想就会发现猪与人之间存在很多生理和行为上的相似点。科学家推测，这些相似点应该与猪和人基因组之间的相似性有关。例如，猪的心脏和人的心脏差不多，牙齿也和人的相似，猪还具有与人类相似并且与很多人类疾病有关的基因和蛋白质变异。从生活习惯上来看，猪喜欢躺着休息，每天有相当一部分时间是在睡觉，拥有很强的适应能力。这些是不是和我们很相似？

粪便为药的复齿鼯鼠

复齿鼯鼠（图 10-1）又叫寒号虫、寒号鸟、寒搭拉虫，是一种能滑翔的兽类。

复齿鼯鼠的外形很像大蝙蝠。头宽，眼大而圆，背部毛呈灰黄褐色，腹部毛色较浅，前、后肢之间有带毛的膜，有一条粗大的尾巴，在滑翔时起平衡作用。复齿鼯鼠把窝建在长有松柏的峭壁石洞或石缝中，窝的形状如鸟巢。复齿鼯鼠白天藏匿在窝内睡觉，清晨或夜间出来活动，善攀缘，能滑翔。

图 10-1　复齿鼯鼠

复齿鼯鼠又名"寒号鸟"，由于它昼伏夜出，晚上发出的叫声很像"哆啰啰，哆啰啰"，人们以为它受不了夜晚的寒冷而发出哀号，其实那是它本来的叫声。后来生物学家发现，它的窝虽然常建在高高的岩洞里，但窝里会用干草铺垫，入口还常用干草阻挡，所以窝内的温度还是比较适宜而稳定的。在一些故事里，复齿鼯鼠被当作懒惰者的代表，说它在天气暖和时只知道尽情享受，不知道准备过冬的物品，到了冬天就整天唱："哆啰啰，哆啰啰，寒风冻死我，明天就垒窝。"

复齿鼯鼠的粪便被称为五灵脂，性味甘温，无毒，入肝经，具有疏通血脉、散瘀止痛的功效，主治血滞、经闭、腹痛等，也用来治疗跌打肿痛和蛇虫咬伤等疾病。

复齿鼯鼠分布于我国河北、四川、云南、山西、甘肃、西藏等地。

动物仿生学

仿生学是一门年轻的科学。人们通过研究生物体的结构和性质，了解工程技术的基本原理，提出新的设计思想。

飞行器与仿生学

像鸟类一样在天空中飞翔，一直是人类的梦想。根据鸟类的身体结构和飞行原理，人类制造出了飞机。经过多年的革新改造，现代飞机在体积、载重等方面都远远地超过了鸟类，也比鸟类飞得更快、更远、更高。一些飞行器还能航行到星际之间，更是鸟类所望尘莫及的。尽管这样，在某些飞行技术和飞行器的结构上，人造的飞机仍然不如鸟类那么完善精致，更不要说能源消耗方面了。例如，金鸻可以在海洋上空连续飞行 4 000 千米，而体重只减少 60 克，如果飞机能用这种效率飞行，那将会节省许多燃料。

那些会飞的动物，如一些昆虫、鸟类为人类设计制作飞机提供了很多借鉴。一些水生动物的身体结构也为飞机制造提供了有益的参考。

蜻蜓(图 10-2)在飞行时每秒振翅 30～50 次，但它们那看似单薄的膜质翅膀并没有因高频率的颤动而折断，这是由于翅的前缘有一个特殊的减颤装置——翅痣。科学家根据翅痣的结构原理改变了飞机两翼的配重，添

图 10-2　蜻蜓

加了平衡重锤，解决了高速飞行时机翼颤动的问题。

苍蝇的体重很轻，它们在飞行时遇到刮风怎么办？它们会不会被大风吹落呢？科学家经研究发现，苍蝇在飞行时如果遇到了风，能在一阵风过后马上稳住身体，继续飞行，仿佛空中的不倒翁一样。它们怎么做到这一点的呢？原来，苍蝇的后翅退化成一对平衡棒。

当苍蝇飞行时，平衡棒以一定的频率进行机械振动，可以调节翅膀的运动方向，保持苍蝇身体平衡。受苍蝇身体结构的启发，科学家研制成一种新型导航仪——振动陀螺仪，大大改进了飞机的飞行性能，可使飞机在遇到气流时仍能保持平稳，自动停止危险的滚翻飞行，在机体强烈倾斜时还能自动恢复平衡。

如果走近广场上的鸽子，你会发现它们起飞时要发出比较大的声响；如果在野外遇到野鸡，你会发现它们突然起飞时发出的声响更大。但猫头鹰就不这样，它们能悄无声息地起飞，在猎物毫无察觉的情况下一击制胜。这是为什么呢？原来，大多数飞鸟的翅膀边缘都是整齐的，而猫头鹰的翅膀边缘呈锯齿状，且腿部羽毛呈绒毛状，这些结构能够帮助猫头鹰最大限度地减少气动噪声，让它们做到静音飞行。科学家希望根据这一原理，制作模仿猫头鹰羽毛后缘的可伸缩式刷子边缘及天鹅绒般的起落架涂层，大大降低飞机的噪声。

在设计飞机时，人们总要尽量减少飞行时的阻力，以节约燃油，并获得更大的速度。最初，人们以为物体表面越光滑，运动时遇到的阻力就会越小。后来，科学家发现，游泳健将鲨鱼的体表并不是绝对光滑的，而是布满了齿状的盾鳞，这些盾鳞形成了一种沟槽型结构，这种结构可以大大减少鲨鱼在水中游动时的阻力。受这一结构的启发，科学家为飞机设计了类似盾鳞的涂层，减小了飞行阻力，提升了飞行性能。

鳄鱼"流泪"的启示

凶残的鳄鱼在吞食猎物时，总是流着"悲伤"的眼泪，让我们觉得它们凶残而虚伪。其实它们是在通过眼泪排出体内多余的盐分。生活在咸水或海水中的动物，体内都有一种特殊的结构——

盐腺，各种盐腺的构造基本一样：中间是一根导管，并向四周辐射出几千根细管，跟血管交织在一起，把血液中多余的盐分离析出来，再通过中央的导管排泄到体外。盐腺是动物天然的"咸水淡化器"。科学家从鳄鱼的"流泪"中得到启示，模仿盐腺的构造原理，研制出一种体积小、质量轻、效率高、价格低的"仿生海水淡化器"。

啄木鸟与新型安全帽

啄木鸟（图 10-3）一天可以敲啄木头约600 次，每啄一次的速度可达 550 米/秒，几乎是音速的 1.6 倍。而它们的头部摇动的速度更快，此时，它们的头部所受到的冲击力约为所受重力的 1 000 倍，而一辆速度为56 千米/时的汽车撞在一堵墙上，受到的冲击力仅为所受重力的 10 倍。为什么啄木鸟头部受到那么大、那么频繁的冲击却不会得脑震荡？原来啄木鸟头部的构造与众不同，它们的头骨非常坚硬，周围还有一层海绵状

图 10-3 啄木鸟

的骨骼，里面吸附着很多液体，能起减震作用，头部两侧还有强有力的肌肉系统，也能起到减震作用。科学家由此得到启发，设计了一种新型安全帽：外壳坚固，里层松软，下部有一个保护领圈，避免突然而来的旋转运动造成的脑损伤。经过对比实验，这种安全帽比一般防护帽效果好很多。

长颈鹿与飞行抗荷服

长颈鹿身高在 5 米以上，头部距离心脏甚至达 3 米，如果没有高的血压，大脑就可能得不到充分的血液。据测定，长颈鹿的心

脏泵压是一般哺乳动物的 2～3 倍。同时，长颈鹿皮肤的真皮层紧紧包裹肌肉组织，并向内施加压力，形成"皮肤紧绷"的现象。这样血液被皮肤向内的压力压向上半身。科学家受到启发，发明了一种仿照长颈鹿皮肤的飞行服——抗荷服。抗荷服上有一套充气装置，在正过载作用时，会自动充入一定数量的气体，压缩空气对人体腹部和下肢的血管产生一定的压力，从而使飞行员的血压保持正常。

跟变色龙学伪装

变色龙靠出色的伪装进行捕猎和避敌。变色龙为什么这么善于伪装呢？原来，变色龙的皮肤里有一个变幻无穷的"色彩仓库"，藏着各种色素细胞，一旦周围环境的光线、色彩发生了变化，变色龙就随之改变体色。

科学家希望仿照变色龙，制成一种既能自动改变颜色，又始终与环境保持一致的军装。这种军装用一种对光线变化很敏感的化学纤维织成的布料制成，在森林里是深绿色，在草地上又变成麻黄色。士兵穿上这种军装，可以放心地在各种不同的地形行军而不会暴露。

跟萤火虫学照明

科学家经研究发现，萤火虫的发光器位于腹部。这个发光器由发光层、透明层和反射层组成。发光层拥有几千个发光细胞，它们都含有荧光素和荧光素酶两种物质。在荧光素酶的作用下，在细胞内 ATP(三磷酸腺苷，一种高能化合物)的参与下，荧光素被氧化，氧化荧光素从激发态回到基态时释放光子就会发出荧光。所以，萤火虫的发光，实质上是把化学能转变成光能的过程。近年来，科学家先从萤火虫的发光器中提取出了荧光素，后来又提取出了荧光素酶，接着，又用化学方法人工合成了荧光素。由荧光素、荧光素酶、ATP和水混合而成的生物光源，可在充满爆炸性瓦斯的矿井中照明。由于这种光不需要电源，不会产生电火花，所以不会导致爆炸事故。

二、珍稀动物

传世久远的活化石——中国大鲵

中国大鲵(图10-4)是国家二级保护动物，也是体形最大的两栖动物，成年中国大鲵体长一般为60~80厘米，最大可达200厘米。因其外形像鱼，能发出类似婴儿啼哭的"呜哇、呜哇"声，又被人们称为娃娃鱼。

图 10-4　中国大鲵

中国大鲵头部扁平、钝圆，口大，眼不发达，无眼睑。身体前部扁平，至尾部逐渐转为侧扁。体两侧有明显的肤褶，四肢短而扁，指、趾前五后四，具微蹼。尾基部略呈柱状，向后逐渐侧扁，末端钝圆，尾上下有鳍状物。体表光滑，布满黏液。身体背面黑色和棕红色相杂，腹面颜色浅淡。

中国大鲵为我国特有物种，分布于华北、华中、华南和西南各省。野生中国大鲵一般生活在海拔1 000米左右的水流较急、清澈阴凉的山区河流或溪流中，一般都匿居在山溪的石隙间，洞穴位于水面以下。它在傍晚后出洞觅食，天快亮时回到洞穴隐匿，以蟹、虾、鱼、蛙、水生昆虫为食。它不善于追捕，只是隐蔽在滩口的乱石间，发现猎物经过时，进行突然袭击。它口中的牙齿又尖又密，猎物进入口内后很难逃掉。它不能咀嚼，只能张口将食物囫囵吞下，然后在胃中慢慢消化。中国大鲵有很强的耐饥本领，数月甚至一年以上不吃东西也不会饿死；它也能暴食，一次可以吃下体重五分之一的食物。当食物缺乏时，中国大鲵会残杀同类，甚至以卵充饥。中国大鲵每年7～8月产卵，每尾产卵300枚以上，卵呈圆形，乳黄色。雄鲵将卵带绕在背上，2～3周后孵化。中国大鲵也是两栖动物中的寿星，在人工饲养条件下，寿命超过50年，最长可达130年。

中国大鲵是一种有3.5亿年历史的活化石，有重要的科研和教学价值。根据出土的化石来看，现在的中国大鲵与1.65亿年前的大鲵在结构上非常相似。这说明，现在的中国大鲵与恐龙时代的大鲵几乎完全一样。中国大鲵的心脏构造特殊，已经出现了一些爬行类的特征，是两栖类与爬行类的中间过渡类型。

过去，在我国很多省份都有野生中国大鲵。但由于人类活动的侵扰、环境污染，目前野生中国大鲵的栖息地已经破碎化、岛屿化，这已经严重影响了野生中国大鲵的基因交流，使它们的种群繁衍非常困难。野生中国大鲵资源日益稀少，亟须加强保护。按照有关法律规定，野生中国大鲵经人工养殖到第三代才可以申请销售。目前，人工养殖中国大鲵的技术已经比较成熟，饲养者也比较多，这对保护野生中国大鲵有重要的意义。

白蚁的天敌——穿山甲

穿山甲（图10-5）属于穿山甲科穿山甲属，分布在热带和亚热带地区的丘陵、灌丛等较潮湿的地方。因其擅长挖穴打洞，又身被角质鳞片，犹如带着一身盔甲，故名

图 10-5　穿山甲

穿山甲。仔细观察，穿山甲身上还有一些稀疏的毛，头部、腹部和四肢内侧的毛粗而硬，鳞甲间的毛略长软。穿山甲的头呈圆锥状，眼睛小，嘴巴突出，没有牙齿，四肢粗短，足具五趾，爪强健有力。成年穿山甲体长 50～100 厘米，体重 1.5～3 千克。

穿山甲的发情期为每年的 4～5 月，发情时雌雄同居，交配后再分开独立生活。妊娠期大约 5 个月，每年产 1 胎，每胎 1～2 仔。刚出生的穿山甲体重只有 100 克左右，6 个月就可以长到 1 500 克，这时小穿山甲就可以离开母亲独立生活了。穿山甲外出时，幼兽会攀附在母兽背尾部。

穿山甲在我国仅有一属，分布于福建、台湾、广东、广西、云南、海南等地，与我国邻近的越南、缅甸、印度等地也有分布。由于人为捕杀和栖息地被破坏，野生穿山甲的数量迅速减少，我国已将其列为二级保护动物，禁止私人捕杀和食用。

穿山甲多在山麓地带的草丛中或丘陵杂灌丛较潮湿的地方挖穴而居。它们的视觉很差，主要靠灵敏的嗅觉寻找食物。穿山甲昼伏夜出，遇到危险时就将身体蜷缩成球状。如果有野兽啃咬，穿山甲能通过肌肉的运动让甲片做出切割动作，令捕食者的嘴巴受伤。穿山甲拥有能伸缩的细长舌头，舌头上带有黏液，以蚂蚁和白蚁为食，也吃昆虫的幼虫等。在漆黑的夜里，穿山甲通过灵敏的嗅觉找到蚁穴，接着用强健的前爪掘开蚁穴，在蚂蚁蜂拥而出的混乱时刻，用带有黏液的舌头将它们成群地粘住吃掉。穿山甲的胃能容纳 500 克食物，胃壁上有很多"S"形皱襞，借助吞食的小沙粒将白蚁等食物磨碎。它们在保护森林、维持生态平衡方面有重要作用。一只 3 千克的穿山甲，就可以保护 20 万平方米的森林免受白蚁的侵害。现在，天然林越来越少，营养结构简单的人工林更需要穿山甲的保护。如果没有了穿山甲，人类对付破坏森林的白蚁，也许只能使用农药了。

　　要保护穿山甲，不单单要保护生态环境，更重要的是要防止人类的乱捕滥杀。

我国特有的鳄鱼——扬子鳄

　　扬子鳄（图 10-6）是我国特有的一种短吻鳄，也是世界上体形最细小的短吻鳄品种。因为它的外形特别像我国古代先民崇拜的"龙"，所以俗称"猪婆龙""土龙"。

图 10-6　扬子鳄

　　扬子鳄成体全长可达 2 米，尾长与身长相近。头扁，吻长，外鼻孔位于吻端，具活瓣。身体外被革质甲片，甲片近长方形，排列整齐，腹甲较软；有两列甲片突起形成两条嵴纵贯全身。四肢短粗，趾间具蹼，趾端有爪。身体背面为灰褐色，腹部前面为灰色，自肛门向后灰黄相间。尾侧扁。初生小鳄为黑色，带黄色横纹。

　　扬子鳄生活在湖泊或沼泽的滩涂地带，有高超的挖洞本领，它的洞穴有出入口，有通气口，里面错综复杂，宛如地下迷宫。扬子鳄性情凶猛，以各种兽类、鸟类、爬行类、两栖类和甲壳类为食，有时也袭击家禽，所以曾被当作有害动物大量捕杀。扬子鳄 6 月在水中交配，体内受精，7～8 月产卵，卵比鸡蛋略大，每窝可产卵 20 枚以上。卵产于草丛中，上覆杂草，此时天气炎热，再加上草腐烂放出的热量使卵孵化，孵化期约为 60 天。扬子鳄有冬眠的习性。

扬子鳄主要分布在长江中下游地区，是现在生存数量非常少、濒临灭绝的古老爬行动物。在扬子鳄身上，可以找到早先恐龙类爬行动物的许多特征，对研究古代爬行动物的兴衰、古地质学和生物的进化，都有重要意义。所以，人们称扬子鳄为"活化石"。但是，自20世纪以来，扬子鳄生活的池塘和浅滩多数被开垦成鱼塘、农田，栖息地被严重破坏，再加上人为捕杀严重，导致这种古老的动物濒临灭绝。目前，我国已经把扬子鳄列为一级保护动物，严禁捕杀。为了使这种珍稀动物的种族能够延续下去，我国还在安徽宣城建立了扬子鳄国家级自然保护区。

珍稀的荒漠大型地栖鸟——波斑鸨

波斑鸨(图 10-7)，属鹤形目鸨科鸟类，属世界濒危鸟类，为我国一级保护动物。

波斑鸨是大型地栖鸟类，身体全长约70厘米，外形像鸡，但它的脚只有三趾(鸡爪为四趾)，体重1～2.5千克。波斑鸨的头顶上有羽冠，颈部有松散的羽束。胸部至尾下覆羽白色，背部、翅和尾上覆羽呈浅沙黄色，点缀有弯曲的波纹状起伏黑色斑点，故名波斑鸨。波斑鸨是一种典型的荒漠半荒漠鸟类，多栖息于年降雨量低于220毫米、视野开阔、地势平坦而有轻微起伏的干旱平原或半荒漠地带。波斑鸨喜欢集群外出觅食，生性机警，视力特别敏锐，善于奔跑，善于利用开阔的栖息地躲避沙狐的捕食。遇到危险时，它会隐身于草丛里，利用身体的保护色隐蔽自己。波斑鸨体重较大，起

图 **10-7**　波斑鸨

飞的时候需要张开双翅不停地扇动，同时快速奔跑加速。在特别紧急的情况下，它也可以直接起飞。波斑鸨飞行的高度较低，但可以中途不落地坚持很久。为了省力，它也常常像鹰那样张开双翼，借助气流滑翔。天气炎热的时候，波斑鸨会躲在沙地上的猪毛菜下面纳凉，由于羽毛的色彩与生存环境非常接近，它在休憩时不容易被敌害发现。波斑鸨食性很杂，以多种盐生、旱生植物的芽、果实和鳞茎为食，春夏季也取食蝗虫、蟋蟀、甲虫、白蚁、蚂蚁等昆虫和蜘蛛、蝎子等。

波斑鸨有 3 个亚种，即加纳利亚种、非洲亚种和亚洲亚种。亚洲亚种的分布区从阿拉伯半岛中部，经中东地区国家、巴基斯坦、阿富汗以及中亚各国，直到我国西北部和蒙古国。在我国，波斑鸨分布于新疆北部、内蒙古西部和甘肃西北部。近几十年来，由于工农业用地的扩大和过度放牧，波斑鸨的栖息地破坏严重，再加上狩猎等原因，波斑鸨野外种群数量不断下降。2012 年，波斑鸨被列入濒危物种红色名录。

波斑鸨的数量锐减已引起国际野生动物保护组织的关注。1997 年，中国科学院新疆生态与地理研究所与阿联酋国家鸟类研究中心开启了为期 8 年的科研合作，开展波斑鸨的保护研究。2008 年，双方再次签署了为期 5 年的科研合作协议，开展保护与监测。阿联酋国家鸟类研究中心多年来开展波斑鸨的人工饲养繁殖，2008 年成功繁育出波斑鸨 1 000 多只。

头顶钢盔的"飞机鸟"——冠斑犀鸟

冠斑犀鸟（图 10-8）属于犀鸟科，别名斑犀鸟，在我国分布于云南西南部和广西西南部，属于国家二级保护动物。

冠斑犀鸟属于大型鸟类，全长 75 厘米左右。它的喙超过 30 厘米，喙上有像钢盔一样的盔突，非常引人注目。冠斑犀鸟的枕羽延长成冠状，喉两侧有淡黄色斑。上体黑色，除后颈和腰外，均有金属绿色光泽。两翅和尾的金属光泽更为耀眼，翅缘、飞羽和尾羽先端都呈白色，但尾羽先端的白色较宽。飞翔时它的头部和颈部向前伸直，两翅平展，很像一架飞机，再加上它飞翔时振动翅膀发出的声音很大，所以人们又叫它"飞机鸟"。

图 10-8　冠斑犀鸟

冠斑犀鸟主要栖息于海拔 1 500 米以下的低山和山脚常绿阔叶林中，除繁殖期外常成群活动。冠斑犀鸟多在树上栖息和活动，有时也到地面上觅食，以植物肉质果实、种子和昆虫等为食。

冠斑犀鸟一雌一雄组成一个家庭，配对几乎是终身制的。冠斑犀鸟繁殖期为 4～6 月，筑巢于悬崖峭壁上的石洞、石缝或树洞里。每窝产卵 2～3 枚，卵白色，表面粗糙多孔。雌鸟伏居在洞穴里孵卵育雏，进入洞穴，即将自己的排泄物混着种子、腐木等堆在洞口，雄鸟也在外面用湿土、果实残渣等将洞穴封闭，仅留一裂缝，雌鸟可伸出嘴尖于洞外，接受雄鸟的喂食，经过 6～8 周，到雏鸟快要飞出时，才啄破洞口出来。在现实生活中，冠斑犀鸟奇特的封闭式繁殖习性虽然能够保证雌鸟和雏鸟不被天敌袭击，但在不法的偷猎行为面前，却显得无能为力。常常有这样的情况发生：外出觅食的雄鸟惨遭偷猎者捕杀，雌鸟和雏鸟由于得不到食物供给，最终被活活饿死在洞中。

由于森林面积锐减，冠斑犀鸟的栖息地被破坏，再加上偷猎严重，冠斑犀鸟已经越来越少了。我国在 1997 年将它列为国家二级保护动物。

即将消失的活化石——白鱀豚

白鱀豚（图 10-9）是一种生活在淡水中的小型鲸类。雌性体长可达 2.5 米，体重 170 千克左右；雄性体长可达 2.2 米，体重 125 千克左右。白鱀豚是我国特有的哺乳动物，已经在长江生活了 2 500 万年以上。从广西桂林出土的化石

图 10-9 白鱀豚

来看，现在的白鱀豚与其 2 000 多万年前的祖先差异不大，它是有"活化石"之称的孑遗物种。2000 年至 2004 年，科学工作者曾在长江的洞庭湖至铜陵段发现过白鱀豚，2004 年 8 月曾在南京段发现过一头搁浅的白鱀豚尸体，以后再也没有确凿的记录。

由于数量极其稀少，甚至有学者估计白鱀豚的野生种群已经消失。我国将它列为国家一级保护动物。

白鱀豚身体呈纺锤形，全身皮肤裸露无毛，具长吻，眼小而退化；声呐系统特别灵敏，能在水中探测和识别物体。白鱀豚在生物学、仿生学研究上有重要价值。

白鱀豚生活于长江中下游的支流入江口地段。这些地段水生生物较多，可以为白鱀豚提供较为丰富的鱼类食物。白鱀豚喜欢群居，尤其在春天交配季节，集群行为就更明显。由于白鱀豚世代生活在浑浊的河水里，眼睛和耳朵都退化得非常严重。眼睛只有绿豆大小，耳孔像针眼一样而且没有外耳。那么，它是怎么避开障碍、寻找食物的呢？原来，白鱀豚体内有一套回声定位系统，它可以像海豚一样通过回声定位识别物体、寻找食物。

　　白鱀豚的活动范围很广，但对水文条件要求较高，经常在一个固定区域停留一段时间，如果这个地方的水文条件发生改变，它就会迁移到另一个合适的地方。白鱀豚两年繁殖一次，每胎1仔，仔豚出生时体长80厘米左右。

高原精灵——藏羚羊

　　藏羚羊（图10-10），被称为"青藏高原的精灵、可可西里的骄傲"，是我国特有的珍稀野生动物。藏羚羊属于偶蹄目牛科山羊亚科藏羚羊属，是国家一级保护动物。它体形与黄羊相似，但比黄羊大，也显得更健壮。藏羚羊体长117～146厘米，尾长15～20厘米，雄性肩高78～85厘米、体重35～40千克，雌性肩高70～75厘米、体重24～28千克。

图 10-10　藏羚羊

　　藏羚羊主要分布于我国青藏高原，包括青海、新疆东南部、四川西部和西藏等地，范围以羌塘为中心，南至拉萨以北，北至昆仑山，东至西藏昌都地区北部和青海西南部，西至中印边界，偶尔有少数由此进入印度境内。藏羚羊是青藏高原特有种，栖息于海拔3 700～5 500米的高寒荒漠和高山草原、草甸地带，尤其喜欢水源附近的平坦草滩。藏羚羊生性胆小多疑，常隐藏在岩穴中，或者在较为平坦的地方挖掘一个小浅坑，将整个身子匿伏其内，只露出头部，既可以躲避风沙，又可以发现敌害。藏羚羊早晨和黄昏出来活动，到溪边觅食禾本科和莎草科的杂草等。夏季，雌性沿固定路线向北迁徙，6～7月产仔之后返回越冬地与雄性合群，11～12月交配。少数种群不迁徙。由于生存环境过于艰苦，藏羚羊的个体寿命较短，在正常情况下，雄性寿命仅有7～8岁，雌性寿命最长不超过 12 岁，因此藏羚羊种群虽然庞大，却非常脆弱，一旦濒危就很难恢复。

藏羚羊身上的羊绒特别优异，质轻柔、保暖好、弹性强，是举世闻名的"软黄金"。一条用 300～400 克羊绒织成的"沙图什"（指羊绒披肩）售价上万美元。而一只藏羚羊只能剪取 100～200 克羊绒。由于藏羚羊奔跑迅疾，难以活捉，因此盗猎者均采取简单残暴的屠猎方式，杀羚、取绒。所以，一条"沙图什"需要以 3 只藏羚羊的生命为代价。1990 年藏羚羊的种群数量大约有 100 万只，1995 年下降到 7.5 万只。由于偷猎者为了获取皮张而进行的疯狂猎捕，藏羚种群数量急剧下降，已经成为濒危物种。

为了保护藏羚羊和其他青藏高原特有的珍稀动物，中国于 1983 年成立阿尔金山国家级自然保护区，1993 年成立羌塘自然保护区（2000 年上升为国家级自然保护区），1995 年成立可可西里省级自然保护区（1997 年年底上升为国家级自然保护区）。

在国际上，藏羚羊被列入《濒临绝种野生动植物国际贸易公约》附录 I，其身体器官和衍生物被禁止贸易。

荒漠精灵——高鼻羚羊

高鼻羚羊（图 10-11）又叫大鼻羚羊，因鼻部特别隆大而膨起，向下弯，鼻孔长在最尖端，得名"高鼻羚羊"，属于国家一级保护动物。

高鼻羚羊体毛浓密，春夏秋三季大部分体毛呈棕黄色，腹部和四肢内侧带白色，冬毛呈灰白

图 10-11　高鼻羚羊

色。体长 100～150 厘米，肩高 63～83 厘米，成年雄性重 37～60 千克，雌性重 29～37 千克。雄性具角，长 28～37 厘米，基部约 3/4 具环棱，呈琥珀色。人们通常所说的名贵中药羚羊角，就是出自高鼻羚羊。

高鼻羚羊生活于荒漠、半荒漠地带，嗅觉、视觉均非常灵敏，既可用嗅觉察知天气的变化，又可靠视觉察看 1 千米以外的敌害。高鼻羚羊常结成小群生活，有时也有成百上千只的大群迁移；冬季多在白天活动，夏季主要在晨昏活动；有季节性迁移现象，冬季向南移到向阳的温暖山坡地带。高鼻羚羊善于奔跑，最高速度可达 60 千米/时。即使是刚出生 5～6 天的幼体，奔跑的速度也有 30～35 千米/时。食物以草和灌丛为主。高鼻羚羊于秋末冬初发情交配。雄性间有激烈的争雌现象，但时间不长。孕期 6 个多月，每胎 1～2 仔。

我国是高鼻羚羊的原产国之一，它们主要分布在我国新疆北部地区。由于栖息地的丧失及过度猎杀，这种珍稀的野生动物在 20 世纪 40 年代在我国已经灭绝了。目前，我国已从国外引种高鼻羚羊回国，在甘肃和新疆半散养，为恢复野生种群进行实验和研究。

似牛非牛的动物——羚牛

在喜马拉雅山脉和横断山脉高山地区，生活着一种大型偶蹄动物——羚牛（图 10-12）。在不丹，羚牛被称为国兽，它也是世界公认的珍稀动物之一。

羚牛一般栖息在海拔 2 000 米以上的高山上，夏季也可迁移到海

图 10-12　羚牛

拔 4 000 米以上的高山生活，主要吃草本植物，对盐有特殊的嗜好。羚牛一般结成大群在一起生活，善于翻山越岭，很爱护自己的幼兽，每年产仔一头。幼犊刚出生时有 10 千克左右，成年后体重可达 300 千克。羚牛有角，幼年时角是直的，成年后角开始弯曲，因此又叫"扭角羚"。

羚牛并不是牛，在分类学上属于牛科羊亚科，与寒带羚羊有较近的亲缘关系，叫声也比较接近羊，牙齿、角、蹄子的特征也更接近羊。但它体格强壮，身材高大，这一点又很像牛，所以人们称它为"羚牛"。

羚牛身强体壮，可以随时赶走前来争食的毛冠鹿、麝等植食性动物。由于羚牛营群居生活，肉食性动物一般情况下也很难捕杀健康的成年个体。但羚牛性情憨直，不知设防，又体大肉多，很容易被偷猎者捕杀。再加上生态环境恶化，栖息地减少，羚牛已经处在灭绝的边缘。

野生羚牛已极度稀少，是国家一级保护动物。为拯救这一珍稀物种，我国的动物保护工作者尝试人工饲养羚牛，现在已经取得了成功。

不爱动的懒猴——蜂猴

蜂猴(图 10-13)别名懒猴、风猴，在中国分布于云南和广西南部，目前数量极少，濒临灭绝，属于国家一级保护动物。

蜂猴是较低等的猴类。体形较小，体长 32～35 厘米。两只小耳朵隐藏于毛茸茸的圆脑袋中，眼圆而

图 **10-13**　蜂猴(任维鹏绘)

大。四肢短粗而等长。大拇指和其余四指间的角度比较大，便于抓握树枝。第二个脚趾还长有钩爪，其他手指、脚趾的末端有厚厚的肉垫和扁甲。蜂猴体背呈棕灰色或橙黄色，正中有一棕褐色脊纹自顶部延伸至尾基部，腹面棕色，眼、耳均有黑褐色环斑。尾巴短小，隐藏在臀部的毛丛中。

蜂猴栖于热带雨林及亚热带季雨林中，行动迟缓，不会跳跃，只在受到攻击时，动作才有所加快，故又名"懒猴"。它的天敌很多，金钱豹、云豹、云猫、黄喉貂等肉食性动物都可以捕杀蜂猴。近些年，人类的捕猎更是远远超过了这些天敌动物。

蜂猴一般都在树上生活，极少下地，通常独自活动。它白天蜷伏在树洞等隐蔽地方睡觉，夜晚外出觅食，吃野果、昆虫，善于在夜间捕食熟睡的小鸟，也吃鸟蛋。

由于蜂猴不太运动，热带雨林的空气又非常潮湿，所以蜂猴身上通常会长出地衣、藻类，就像穿着蓑衣的老翁一样。这使它看起来更加和环境融为一体，敌害很难发现它，所以人们又称它为"拟猴"，意思是能模拟绿色植物形态的猴子。

1986年，科学工作者从云南获得了几只个体非常小的蜂猴，体长只有21厘米左右。科学家开始以为它们是蜂猴的幼体，后来发现这是另一种蜂猴，即倭蜂猴，成年个体就这么大。倭蜂猴比蜂猴还要稀少，也是国家一级保护动物，严禁捕猎和买卖。

独特的大眼睛——眼镜猴

眼镜猴（图10-14）是全世界最小的猴种，主要分布于菲律宾的萨马岛、莱特岛、迪纳加特岛、锡亚高岛、保和岛和棉兰老岛等岛屿。

眼镜猴长相怪异，虽然属于猿猴类，却与一般的猴子大相径庭。它们体形极小，身长约10厘米，如老鼠一样大小，尾长约为

体长两倍。它们全身披着黄褐色的
毛，乍一看特别像褐家鼠。

图 10-14　眼镜猴

　　眼镜猴最引人注目的是它们的大
眼睛。它们的眼睛比大脑还大，差不
多有 3 克重。圆溜溜的大眼睛令它们
看上去就像戴着一副特大号的老式眼
镜，因而被称为"眼镜猴"。眼镜猴对
危险非常敏感，在休息时也会睁着一
只眼。眼镜猴的大眼睛非常适于夜间
捕食。它们吃昆虫、蜥蜴、蛙类及一
些小型鸟类。

　　此外，眼镜猴还有一对和体形不相称的大耳朵，以及看起来
很长的手指（脚趾）。

　　最有趣的是它们的脖子虽然短小，头部却可以在身体不动的
情况下进行近乎 360°的回转，这可以让它们在不发出声响的情况
下发现猎物和天敌的踪迹。眼镜猴还有高度适应树上跳跃生活的
能力，能在树间十分准确地跳跃将近 2 米的距离；可以用四肢行
走，也可以用后肢像蛙那样跳跃行走，一次可跃 30～60 厘米。眼
镜猴那圆盘状的指垫有吸盘的作用，利于攀缘，使它们既能爬上
树梢也能快速地溜下来。它们白天躲在树上睡觉，天黑后才开始
摄食活动。它们是猴类中的不合群者，一般成对居住或单独行动，
每年产一仔。

　　眼镜猴虽然不太惧怕人类，但极不易饲养，动物园中长期饲
养成功的例子几乎是零。加上栖息环境的破坏，导致这种神秘的
小猴越来越罕见，现在已是濒危物种。

树梢上的舞者——黑冠长臂猿

黑冠长臂猿(图 10-15)，体长 43～54 厘米，体重 7～10 千克，前肢比后肢还长。幼猿不论性别通体都是黑色。成年雄猿也是通体黑色，但头顶部的毛向上生长，形似黑色的"帽子"；成年雌猿通体灰棕黄色，头顶部有黑褐色"帽子"。两性个体都没有尾巴，也没有储存食物的颊囊。

图 10-15　黑冠长臂猿

黑冠长臂猿最喜欢在海拔 600 米以下的热带雨林里生活。现在，这种低地热带雨林已被砍伐殆尽，黑冠长臂猿只能退居到海拔 1 000 米左右的山地热带雨林中。

黑冠长臂猿是典型的树栖动物，很少在地面活动。它不会做窝，睡觉时蜷曲在树上，有时也会在大树干上仰天而卧。黑冠长臂猿生性机警，在晨昏活动，有固定的活动范围和活动路线。

黑冠长臂猿主要以野果、嫩叶、花苞等植物性食物为食，也吃昆虫、鸟蛋等动物性食物，饮水主要靠树叶上的露水，也从树洞里取水饮用。长期的树上生活使其发展出独特的"臂行"运动方式。黑冠长臂猿用长手臂将自己吊在树上，前进时两臂互相交叉移动，像荡秋千一样，借助树枝的摆荡和身体运动惯性越荡越快，就像在树枝间用手飞行一样，一跃就是十几米。据报道，它能用这种运动方式抓住空中的飞鸟。

黑冠长臂猿营家族式生活，其配偶制为一夫多妻制，一般以 7～8 只的家庭群为活动单位，多的有十多只。雌猿妊娠期 7～8 个月，每年 1 胎，每胎 1 仔。雄猿 9 岁性成熟，寿命 30 余年。黑冠长臂猿的领地意识很强，每个家族都会占据一小片森林。每天清晨，雌猿先发出漫长、高亢的独唱，随后雄猿与之对唱或合唱，中间还夹杂着"呜呜"的共鸣，最后子女也加入合唱。这种特有的喊叫要持续十几分钟或几十分钟，叫声动人心魄，几千米外都能听见。这是黑冠长臂猿保卫自己领土的呼喊，也是对临近猿群的警告。但这种叫声也会暴露自己的活动位置，常常引来偷猎者。

据记载，黑冠长臂猿分布范围曾经很广，在广西，甚至远到长江三峡地区都有记录。但现在，黑冠长臂猿只在云南、海南岛有零星分布，现存量只有 400～500 只，是中国最濒危的灵长类动物，属于国家一级保护动物。与其他长臂猿属动物一样，黑冠长臂猿是灵长类学家、心理学家的重要研究对象。

沙漠之舟——野骆驼

野骆驼（图 10-16）是大型偶蹄类动物。它体长约 3 米，体重约 500 千克，和家养双峰驼十分相似。野骆驼性情温顺而机警，其视觉、听觉、嗅觉相当灵敏，有惊人的耐力。野骆驼一般营集群生活，每个种群一般由十几峰大大小小的个体组成。在繁殖期，每个种群由一峰成年公驼和几峰成年母驼带领一些未成年幼驼组成，有固定活动区域，除非季节转换时才进行几百千米的长途跋涉寻找新的栖息地。

图 10-16 野骆驼

野骆驼适于在荒无人烟的戈壁荒漠生活，素有"沙漠之舟"的美誉。野骆驼的脚底有宽厚的肉垫，蹄子的角化程度很高，适于在沙漠行走。它奔跑起来速度很快，可以达到 80 千米/时，而且可以持续很长时间。野骆驼主要采食骆驼刺、红柳、白刺、芨芨草等粗干的沙漠植物，喝又苦又涩的咸水，吃饱以后会找一个安静的地方卧息反刍。野骆驼曾经存在于世界上的很多地方，但现今仅在蒙古国西部的阿塔山和我国西北一带存有野生种群。这些地区都是大片的沙漠和戈壁等"不毛之地"，不仅干旱缺水，而且夏季酷热，最高气温为 55℃，砾石和流沙温度 71~82℃，冬季奇冷，寒流袭来时，气温可下降到 -40℃，常常狂风大作，飞沙走石。恶劣的生活环境，使野骆驼练就了非凡的适应能力，具有许多其他动物所没有的特殊生理机能，不仅能够耐饥、耐渴，也能耐热、耐寒、耐风沙。

据统计，在 20 世纪 50 年代，我国的罗布泊一带还有野骆驼 5 000 峰左右，80 年代锐减到 700 峰左右。这种比大熊猫还稀少的动物，是世界上唯一可以靠喝咸水生存的动物，它的存在可以说是一种奇迹。野骆驼是国家一级保护动物，保护它的工作迫在眉睫。

重回家园的普氏野马

普氏野马(图 10-17)属于国家一级保护动物，原分布于我国新疆准噶尔盆地的荒漠地带，又称"准噶尔野马"或"蒙古野马"。普氏野马过去十分常见，到 20 世纪 70 年代末，野生的普氏野马灭绝。现在世界各地仍有很多人工饲养的普氏野马，都是 100 多年前盗猎到欧洲的普氏野马的后代。

普氏野马是家马的近亲，细胞里有 66 条染色体，比家马多出一对，它能和家马交配并产生后代，但这种杂交后代高度不育。

普氏野马是大型有蹄类动物，体长 220～280 厘米，肩高 120 厘米以上，体重超过 200 千克。头部长大，颈粗，耳朵比驴耳短，蹄宽圆。整体外形像马，但额部无长毛，颈鬃短而直立。夏毛浅棕色，两侧及四肢内侧色淡，腹部乳黄色；冬毛略长而粗，色变浅，两颊有赤褐色长毛。

图 10-17 普氏野马（任维鹏绘）

普氏野马栖息于地势平缓的山地草原、荒漠及水草条件略好的沙漠、戈壁。普氏野马生性机警，善于奔跑，一般由强壮的公马为首结成 5～20 匹的马群，边走边吃，没有固定的栖息地。它们在早晚沿固定的路线到泉、溪边饮水，吃饱后会相互呈相反方向站立轻轻啃噬对方的皮肤，为对方清理皮毛。有时身上有蚊蝇或寄生虫，它们也会自己倒地打滚，或找树干擦拭，平时则主要靠尾巴驱赶。普氏野马的食物主要有芨芨草、梭梭、芦苇等，冬天能用前蹄刨开积雪觅食枯草。普氏野马 6 月发情交配，次年 4～5 月产仔，每胎 1 仔，幼驹出生后几小时就能随群奔跑。

20 世纪 80 年代末期，我国从欧洲引种普氏野马，在新疆奇台、甘肃武威半散放养殖并进行野化训练。目前，这些人工饲养的普氏野马已经形成了较大的种群，野放个体超过 170 匹。